21世纪软件工程专业规划教材

Python测试技术

周元哲　编著

清华大学出版社
北京

内 容 简 介

本书讲述了与Python语言有关的三大测试——单元测试、网络测试和移动测试，主要包括软件测试基础、自动测试技术、Python与软件测试、Python与unittest单元测试、Python与Selenium网络测试、Python与DDT数据驱动测试、Python与UIAutomator测试、Python与Appium移动测试等相关内容。附录介绍了前端测试、Jest和Monkey等相关知识。

本书内容精练、由浅入深，注重知识的连续性和渐进性，适合作为高等院校相关专业教材或教学参考书，也可以供从事计算机应用开发的各类技术人员参考，还可作为全国计算机等级考试、软件技术资格与水平考试的培训资料。

图书在版编目(CIP)数据

Python测试技术/周元哲编著. —北京：清华大学出版社，2019.12（2022.2重印）
21世纪软件工程专业规划教材
ISBN 978-7-302-54195-0

Ⅰ.①P… Ⅱ.①周… Ⅲ.①软件工具－程序设计－高等学校－教材 Ⅳ.①TP311.561

中国版本图书馆CIP数据核字(2019)第255961号

责任编辑：张 玥
封面设计：何凤霞
责任校对：胡伟民
责任印制：刘海龙

出版发行：清华大学出版社
网　　址：http://www.tup.com.cn，http://www.wqbook.com
地　　址：北京清华大学学研大厦A座　　**邮　　编**：100084
社 总 机：010-83470000　　**邮　　购**：010-83470235
投稿与读者服务：010-62776969，c-service@tup.tsinghua.edu.cn
质 量 反 馈：010-62772015，zhiliang@tup.tsinghua.edu.cn
课 件 下 载：http://www.tup.com.cn，010-83470236
印 装 者：三河市少明印务有限公司
经　　销：全国新华书店
开　　本：185mm×260mm　　**印　　张**：12.25　　**字　　数**：310千字
版　　次：2019年12月第1版　　**印　　次**：2022年2月第2次印刷
印　　数：1501～2000
定　　价：40.00元

产品编号：085349-01

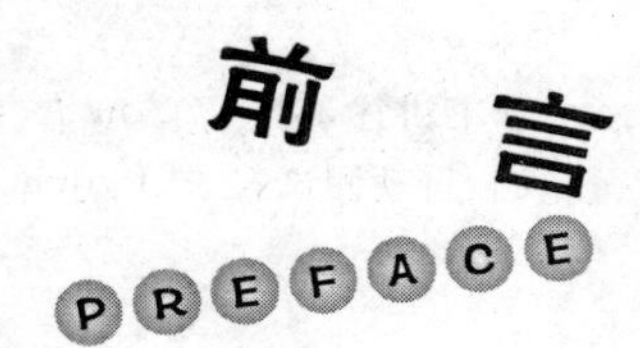

前言

Python是一种解释型、面向对象、动态数据类型的高级程序设计语言，外挂各种库，在大数据、数据分析、科学计算等方面功能卓越。本书讲述了与Python语言相关的测试技术，包括单元测试unittest、网络测试Selenium和移动测试Appium。具体章节包括软件测试基础、自动测试技术、Python与软件测试、Python与unittest单元测试、Python与Selenium网络测试、Python与DDT数据驱动测试、Python与UIAutomator测试、Python与Appium移动测试等相关内容。附录介绍了前端测试、Jest和Monkey等相关知识。

本书采用Python 3版本，所有程序都在PyCharm、Anaconda中进行调试和运行。

本书内容精练，文字简洁，结构合理，实训题目经典实用，综合性强，特别适合作为高等院校Python语言测试的教材或教学参考书，也可以供从事计算机应用开发的各类技术人员应用参考。

西安邮电大学的孟伟君、焦继业、邓万宇、孔韦韦、包志强等阅读部分手稿。西安睿博智能股份有限公司的周鑫、西安玺奥信息安全技术有限公司的谭小琴、清华大学出版社张玥编辑对本教材的写作大纲、写作风格等提出了很多宝贵的意见。软件工程专业18级学生卓越调试了部分代码。衷心感谢上述各位的支持和帮助。本书写作时参阅了大量中英文专著、教材、论文、报告及网上的资料，由于篇幅所限，未能一一列出，在此一并向相关作者表示敬意和衷心的感谢。

由于作者水平有限，时间紧迫，本书难免有疏漏之处，恳请广大读者批评指正。

编　者

2019年9月

目录

CONTENTS

软件测试基础

本章介绍软件测试的基本知识、软件测试的发展历程、软件测试分类等。软件测试方法分为白盒测试和黑盒测试，讲解了白盒测试的逻辑覆盖法、路径分析法等方法和黑盒测试的等价类划分法、边界值分析法、决策表和因果图等方法。

1.1 软件测试概述

软件测试是控制软件质量的重要手段和关键活动，一般具有如下作用：

(1) 测试不仅仅是为了找出错误，而是通过分析错误产生的原因和错误的发生趋势，帮助项目管理者发现当前软件开发过程中的缺陷，以便及时改进。

(2) 帮助测试人员设计出有针对性的测试方法，改善测试的效率和有效性。

(3) 没有发现错误的测试也是有价值的，完整的测试是评定软件质量的一种方法。

软件测试的分类方法很多。按测试阶段和层次划分，分为单元测试、集成测试、确认测试、系统测试、验收测试；按所采取的技术划分，分为白盒测试、黑盒测试和灰盒测试；按所关注的质量属性和目的划分，分为功能测试、性能测试、压力测试、安全性测试、兼容性测试、可靠性测试、容错性测试、安装/卸载测试、恢复测试等。

1.2 软件测试历程

软件测试伴随着软件的产生而产生。早在20世纪50年代，英国著名的计算机科学家图灵就给出了软件测试的原始含义。他认为，测试是程序正确性证明的一种极端实验形式。在早期软件开发过程中，软件规模小，复杂程度低，软件开发过程相当混乱无序，软件测试的含义也比较窄，等同于"调试"，目的是纠正软件的故障。它常常由软件开发人员自己进行，主要是针对机器语言和汇编语言设计特定的测试用例，运行被测试程序，将所得结果与预期结果进行比较，从而判断程序的正确性。早期对测试的投入极少，测试介入也晚，常常是等到形成代码，产品已经基本完成时才进行测试。

直到1957年，软件测试首次作为发现软件缺陷的活动，与调试区分开来。1972年，北卡罗来纳大学举行首届软件测试会议，John Good Enough 和 Susan Gerhart 在 IEEE 上发表《测试数据选择的原理》，确定软件测试是软件的一种研究方向。1975年，John

Good Enough首次提出了软件测试理论，从而把软件测试这一实践性很强的学科提高到了理论的高度。1979年，Glenford Myers在《软件测试艺术》一书中提出“测试是为发现错误而执行的一个程序或者系统的过程”。

20世纪80年代早期，软件和IT行业进入了大发展时代，软件趋向大型化、高复杂度，软件的质量越来越重要。一些软件测试的基础理论和实用技术开始形成，软件开发的方式也逐渐由混乱无序过渡到结构化的开发过程，以结构化分析与设计、结构化评审、结构化程序设计以及结构化测试为特征，软件测试性质和内容也随之发生变化。测试不但是一个单纯的发现错误的过程，而且是具有软件质量评价的内容。软件工程的概念逐步形成，软件开发模型产生。1983年，Bill Hetzel在《软件测试完全指南》中指出，测试是以评价一个程序或者系统属性为目标的任何一种活动，是对软件质量的度量。IEEE给软件测试的定义为“使用人工或自动手段来运行或测定某个软件系统的过程，其目的在于检验它是否满足规定的需求或弄清预期结果与实际结果直接的差别”。这个定义明确地指出，软件测试的目的是为了检验软件系统是否满足需求。软件测试不再是一个一次性的，也不只是开发后期的活动，而是与整个开发流程融合成一体。

20世纪90年代，随着面向对象分析和面向对象设计技术的逐渐成熟，面向对象软件测试技术逐渐受到人们重视。1994年9月，Communication of ACM出版了《面向对象的软件测试专集》，内容涉及类测试、集成测试和面向对象软件的可测试性等问题。1989年，Fiedler从面向对象的测试与传统测试的不同点出发，提出了面向对象单元测试的解决方案，开始从事面向对象软件测试的研究工作。

1996年，测试成熟度模型TMM(Testing Capability Maturity Model)等一系软件测试相关理论提出。到了2002年，Rick和Stefan在《系统的软件测试》一书中对软件测试做了进一步描述：测试是为了度量和提高软件的质量，对软件进行工程设计、实施和维护的整个生命周期过程。近20年来，随着计算机和软件技术的飞速发展，软件测试技术的研究也取得了很大突破。许多测试模型(如V模型等)产生，单元测试、自动化测试等方面涌现出了大量的软件测试工具。在软件测试工具平台方面，产生了很多商业化的软件测试工具，如捕获/回放工具、Web测试工具、性能测试工具、测试管理工具、代码测试工具等。一些开放源码社区中也出现了许多软件测试工具，它们得到了广泛应用，且相当成熟和完善。

1.3 软件测试分类

从不同的角度考虑软件测试，可以有不同的划分方法。图1.1展示了从不同角度进行软件测试的分类。

下面主要讲解白盒测试和黑盒测试。

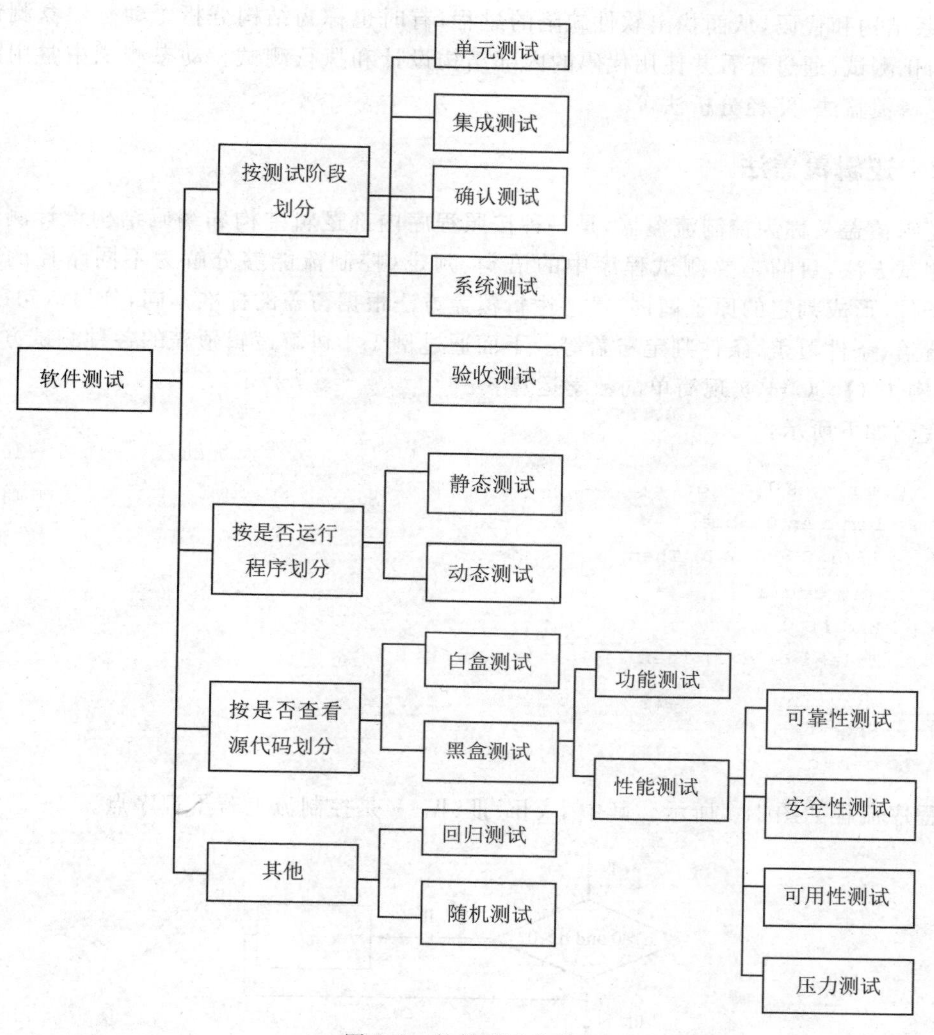

图 1.1 软件测试分类

1.4 白盒测试

1.4.1 概述

白盒测试是把测试对象看作一个打开的盒子，允许测试人员利用程序内部的逻辑结构及有关信息设计或选择测试用例，通过在不同点检查程序状态确定实际状态是否与预期的状态一致。白盒测试用于纠正软件系统在描述、表示和规格上的错误，是进一步测试的前提。

白盒测试测试软件产品的内部结构和处理过程，而不测试软件产品的功能，白盒测试分为静态测试和动态测试。静态白盒测试是在不执行的条件下有条理地仔细审查软件设计、体系结构和代码，从而找出软件缺陷的过程，有时也称为结构分析。动态白盒测试也称结构化测试，通过查看并使用代码的内部结构设计和执行测试。动态测试中常用的方法有逻辑覆盖法、路径分析法等。

1.4.2 逻辑覆盖法

逻辑覆盖又称为控制流覆盖，是一种按照程序内部逻辑结构和编码结构设计测试用例的测试方法，目的是要测试程序中的语句、判定（控制流能够分解为不同路径的程序点）、条件（形成判定的原子谓词）等。逻辑覆盖方法根据覆盖的标准不同，分为语句覆盖、判定覆盖、条件覆盖、条件判定覆盖等。下面通过例1.1讲解逻辑覆盖的各种测试方法。

【例1.1】 C++ 实现简单的数学运算。

代码如下所示：

```
1  Dim a,b As Integer
2    Dim c As Double
3    If(a>0 and b>0) Then
4         c=c/a
5    End if
6    If(a>1 or c>1) Then
7         c=c+1
8    End if
9    c=b+c
```

程序流程如图1.2所示。其中Ⅰ、Ⅱ、Ⅲ、Ⅳ、Ⅴ是控制流上若干程序点。

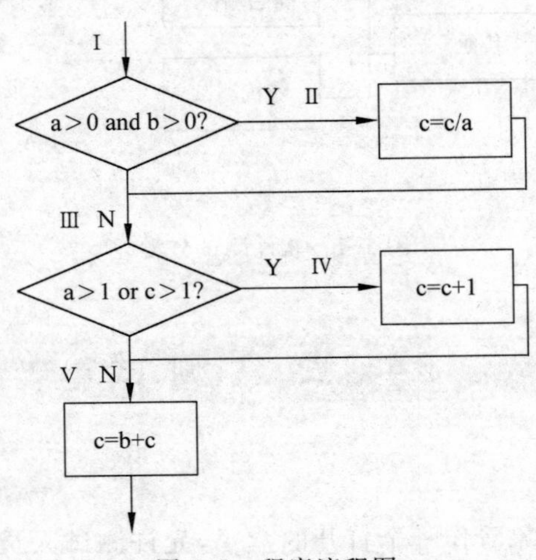

图1.2 程序流程图

1. 语句覆盖

语句覆盖又称为线覆盖面或段覆盖面。其含义是指，选择足够数目测试数据，使被测程序中每条语句至少执行1次。

语句覆盖设计测试用例为a＝2,b＝2,c＝4,程序按照路径Ⅰ→Ⅱ→Ⅲ→Ⅳ→Ⅴ执行,程序段中的5个语句均执行1次,符合语句覆盖的要求。但是,如果测试用例选择a＝2,b＝－2,c＝4,程序按照路径Ⅰ→Ⅲ→Ⅳ→Ⅴ执行,则未能达到语句覆盖的要求。语句覆盖测试方法仅仅针对程序逻辑中的显式语句,对隐藏条件无法测试。若第一个逻辑运算符and误写成or,测试用例a＝2,b＝2,c＝4仍能达到语句覆盖的要求,但是无法发现程序中的误写错误。

语句覆盖可以直接应用于目标代码,不需要处理源代码。但是,作为最弱的逻辑覆盖方法,语句覆盖对控制结构不敏感,往往发现不了判断中逻辑运算符出现的错误,逻辑覆盖很低。

2. 判定覆盖

判定覆盖又称为分支覆盖或所有边覆盖,测试控制结构中的布尔表达式分别为真和假(例如if语句和while语句)。布尔型表达式被认为是一个整体,取值为true或false,而不考虑内部是否包含"逻辑与"或者"逻辑或"等操作符。判定覆盖是指设计的测试用例使得程序中每个判定至少分别取"真"分支和取"假"分支各一次,即判断真假值均被满足。

判定覆盖设计测试用例如表1.1所示。

表1.1 判定覆盖测试用例

测试用例	a>0 and b>0	a>1 or c>1	执行路径
a＝1,b＝1,c＝5	T	T	Ⅰ→Ⅱ→Ⅲ→Ⅳ→Ⅴ
a＝1,b＝－2, c＝－3	F	F	Ⅰ→Ⅲ→Ⅴ

判定覆盖作为语句覆盖的超集,比语句覆盖要多几乎一倍的测试路径,具备较强的测试能力。但由于判定语句往往由多个逻辑条件组合而成(如判定语句中包含and、or、case),而判定覆盖仅仅判断其整个最终结果,无法发现判定内部每个条件的取值情况,必然会遗漏测试路径。

3. 条件覆盖

条件覆盖是指每个判断内部中的每个条件的所有可能取值至少满足1次。

针对a>0 and b>0判定条件表达式:a>0取值为"真",记为T1;a>0取值为"假",记为F1;b>0取值为"真",记为T2;b>0取值为"假",记为F2。针对条件表达式a>1 or c>1,a>1取值为"真",记为T3;a>1取值为"假",记为F3;c>1取值为"真",记为T4;c>1取值为"假",记为F4。测试用例如表1.2所示。

表1.2 条件覆盖测试用例

测试用例	覆盖条件	具体取值条件	执行路径
a＝2,b＝－1,c＝－2	T1,F2,T3,F4	a>0,b<＝0,a>1,c<＝1	Ⅰ→Ⅲ→Ⅳ→Ⅴ
a＝－1,b＝2,c＝3	F1,T2,F3,T4	a<＝0,b>0,a<＝1,c>1	Ⅰ→Ⅲ→Ⅳ→Ⅴ

条件覆盖比判定覆盖增加了对符合判定情况的测试,增加了测试路径。但条件覆盖

只能保证每个条件至少有一次为真，而不考虑所有的判定结果。表1.2中的测试用例 a=2，b=−1 和测试用例 a=−1，b=2 满足了条件覆盖的测试用例，保证了 a>0 and b>0两个条件各取 true 和 false 一次，但是其判定结果都是 false，并没有满足判定覆盖。故条件覆盖不一定包含判定覆盖。

4. 条件判定覆盖

由于判定条件不一定包含条件覆盖，条件覆盖也不一定包含判定覆盖，自然会有一种能同时满足两种覆盖标准的逻辑覆盖，这就是条件判定覆盖或者判定-条件覆盖(Condition/Decision Coverage，缩写 C/DC)。判定—条件覆盖的含义是通过设计足够的测试用例，使得所有条件的可能结果至少执行一次取值，同时，所有判断的可能结果至少执行一次。因此，判定-条件覆盖的测试用例满足如下条件：

(1) 所有条件的可能结果至少执行一次取值。

(2) 所有判断的可能结果至少执行一次。

条件判定覆盖设计测试用例如表1.3所示。

表1.3 条件-判定覆盖测试用例

测试用例	覆盖条件	执行路径
a=2，b=1，c=5	T1，T2，T3，T4	Ⅰ→Ⅱ→Ⅲ→Ⅳ→Ⅴ
a=−1，b=−2，c=−3	F1，F2，F3，F4	Ⅰ→Ⅲ→Ⅴ

判定-条件覆盖同时满足判定、条件两种覆盖标准，是判定和条件覆盖设计方法的交集。

1.4.3 路径分析法

路径分析测试法是在程序控制流图的基础上，通过分析控制构造的环路复杂性导出独立路径集合，设计测试用例的方法。程序的所有路径作为一个集合，在这些路径集合中必然存在一个最短路径，这个最短的路径称为基路径或独立路径。

路径分析测试法的主要步骤如下所示。

步骤1：绘制控制流图。

以详细设计或源代码作为基础，导出程序的控制流图。

步骤2：计算圈复杂度 V(G)。

圈复杂度 V(G)是为程序逻辑复杂性提供定量的测度，该度量用于计算程序的基本独立路径数目，是所有语句至少执行一次的上界。

$$V(G)=边数-节点数+2$$

步骤3：确定独立路径的集合。

独立路径是指至少引入程序的一个新处理语句集合或一个新条件的路径，即独立路径必须包含一条在定义之前不曾使用的边。

步骤4：测试用例生成。

设计测试用例的数据输入和预期结果,确保基本路径集中每条路径的执行。

【例 1.2】 使用基本路径测试方法设计测试用例。

```
int Sort(int iRecordNum, int iType)
1  {
2    int  x=0;
3    int  y=0;
4    while(iRecordNum-->0)
5    {
6     If(iType==0)
7     x=y+2;
8     else
9     If(iType==1)
10             x=y+10;
11        else
12             x=y+20;
13    }
14   return x;
```

【解析】

步骤 1:将程序段的程序流程(图 1.3)转化为控制流图(图 1.4)。

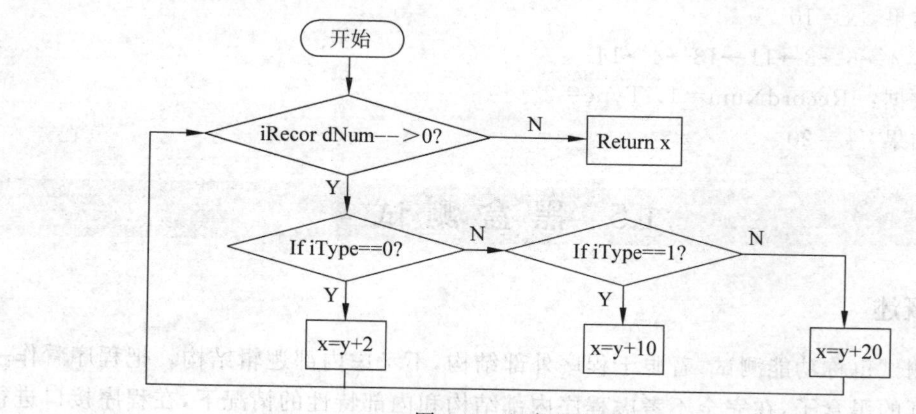

图 1.3 程序流程图

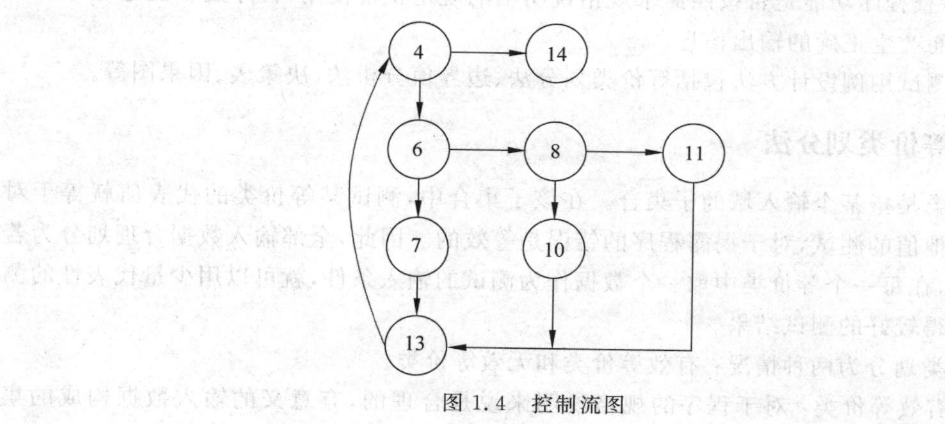

图 1.4 控制流图

步骤 2：根据控制流图计算圈复杂度 V(G)。

圈复杂度 V(G)＝10(条边)－8(个节点)＋2＝4

步骤 3：根据圈复杂度计算独立路径。

Path1：4→14

Path2：4→6→7→14

Path3：4→6→8→10→13→4→14

Path4：4→6→8→11→13→4→14

步骤 4：根据独立路径设计测试用例。

Path1：4→14

输入数据：iRecordNum＝0 或者 iRecordNum＜0 的某一个值

预期结果：x＝0,y＝0

Path2：4→6→7→14

输入数据：iRecordNum＝1,iType＝0

预期结果：x＝2

Path3：4→6→8→10→13→4→14

输入数据：iRecordNum＝1,iType＝1

预期结果：x＝10

Path4：4→6→8→11→13→4→14

输入数据：iRecordNum＝1,iType＝2

预期结果：x＝20

1.5 黑盒测试

1.5.1 概述

黑盒测试也称功能测试，着眼于程序外部结构，不考虑内部逻辑结构。把程序看作一个不能打开的黑盒子，在完全不考虑程序内部结构和内部特性的情况下，在程序接口进行测试，只检查程序功能是否按照需求规格说明书的规定正常使用，程序是否能适当地接收输入数据而产生正确的输出信息。

黑盒测试用例设计方法包括等价类划分法、边界值分析法、决策表、因果图等。

1.5.2 等价类划分法

等价类是指某个输入域的子集合。在该子集合中，测试某等价类的代表值就等于对这一类其他值的测试，对于揭露程序的错误是等效的。因此，全部输入数据合理划分为若干等价类，在每一个等价类中取一个数据作为测试的输入条件，就可以用少量代表性的测试数据取得较好的测试结果。

等价类划分为两种情况：有效等价类和无效等价类。

(1) 有效等价类：对于程序的规格说明来说是合理的，有意义的输入数据构成的集合，利用有效等价类可检验程序是否实现了规格说明中所规定的功能和性能。

(2) 无效等价类：与有效等价类相反，是指对程序的规格说明无意义、不合理的输入数据构成的集合。

按照如下几条规则可以对等价类进行划分：

1. 按区间划分

如果规定了输入值的范围或值的个数，通常定义一个有效等价类和两个无效等价类。例如，输入条件规定了 x 是 1～999 的整数。则等价类划分如图 1.5 所示。

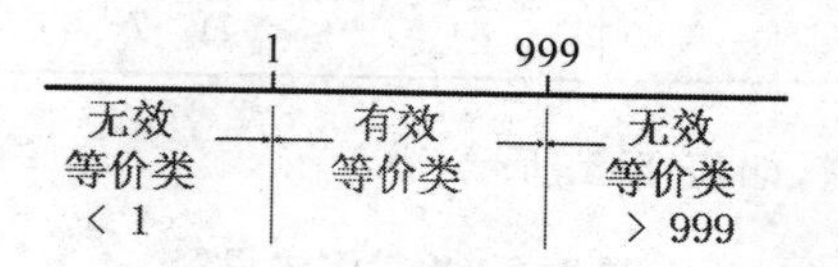

图 1.5　等价类划分举例

2. 按限制条件和规则划分

规定了输入规则时，可以划分出一个有效的等价类（符合规则）和若干无效的等价类（从不同角度违反规则）。例如，C 语言规定，每个语句以“;”结束，则其有效类 1 个；无效类若干（以“,”结束、以“:”结束、以空格结束等）。

3. 按数值集合划分

如果规定了输入数据的一组值，而且程序对不同输入值做不同处理，则每个允许的输入值是一个有效等价类，并有一个无效等价类。例如，在教工分房方案中，按教授、副教授、讲师、助教分别计分，则有效类 4 个；无效类 1 个。

4. 按数值划分

如果输入条件是一组值，而且软件要对每个输入值分别进行处理，则可以为每个输入值确定一个有效等价类和一个无效等价类。

5. 细分等价类

处理表格时，有效类可分为空表、含一项的表、含多项的表等。

采用等价类划分法设计测试用例一般经历如下步骤：

步骤 1：形成等价类表，每一等价类规定一个唯一的编号，如(1)、(2)等。

步骤 2：设计测试用例，使其尽可能多地覆盖尚未覆盖的有效等价类，重复这一步骤，直到所有有效等价类均被测试用例所覆盖。

步骤 3：设计测试用例，使其只覆盖一个无效等价类，重复这一步骤，直到所有无效等价类均被覆盖。

【例 1.3】 以 0x 或 0X 开头的十六进制整数，其取值范围为－7f～7f（不区分大小写字母），如 0x13、0x6A、－0x3c。请采用等价类划分的方法设计测试用例。

【解析】

步骤1：等价类划分，如表1.4所示。

表1.4　等价类划分

输入条件	有效等价类		无效等价类	
开头字符	由0x或0X开头	(1)	以字母开头，以非0数字开头	(2)(3)
数值字符	数字或A～F的字母	(4)	A～F以外的字母	(5)
数值字符个数	≥1个	(6)	0个	(7)
数值	≥−7f且≤7f	(8)	<−7f>7f	(9)(10)

步骤2：设计测试用例，如表1.5所示。

表1.5　设计测试用例

序号	输入	覆盖等价类
1	0x7F	(1)(4)(6)(8)
2	−0Xb	(1)(4)(6)(8)
3	0X0	(1)(4)(6)(8)
4	0x	(1)(7)
5	A7	(2)
6	−1A	(3)
7	0X8h	(1)(5)
8	0x80	(1)(4)(10)
9	−0XaB	(1)(4)(9)

1.5.3　边界值分析法

实践证明，大量的错误出现在输入或输出范围的边界上，而不是在范围的内部。例如，错误往往出现在数组的下标、循环控制变量等边界附近。边界值分析作为等价类划分方法的补充，其设计的测试用例应正好等于、刚刚大于或刚刚小于输入和输出等价类的边界，而不是选取等价类中的典型值或任意值作为测试数。

如果输入条件规定了值的个数，则用略低于最小值(Min−)、最小值(Min)、略高于最小值(Min+)、正常值(Normal)、略低于最大值(Max−)、最大值(Max)、略高于最大值(Max+)作为测试数据。故对于一个含有n个变量的程序，保留其中一个变量，其取值为Min+、Normal、Max−、Max、Max+，让其余变量取正常值，测试用例数目为$6*n+1$。例如，输入变量为x_1、x_2，取值范围是$a\leqslant x_1\leqslant b$，$c\leqslant x_2\leqslant d$，边界分析图如图1.6所示。

【例1.4】　三角形问题：输入三个整数a、b和c，分别作为三角形的三条边，a、b、c的取值范围为$1\leqslant a,b,c\leqslant 100$，通过程序判断由这三条边组成的三角形类型是等边三角形、等腰三角形、一般三角形或非三角形。

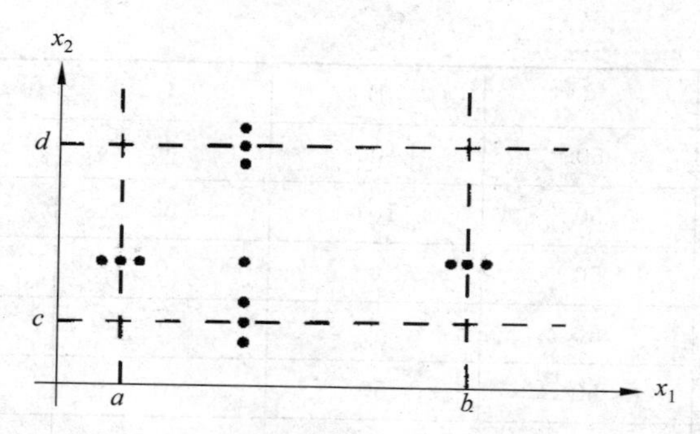

图 1.6 两变量健壮性边界分析测试用例

【解析】 根据题意,可得到三角形三条边 a、b、c 必须满足如下条件:

条件 1: 1≤a≤100

条件 2: 1≤b≤100

条件 3: 1≤c≤100

条件 4: a<b+c

条件 5: b<a+c

条件 6: c<b+a

如果三角形三条边 a、b、c 满足条件 1、条件 2、条件 3,输出下列 4 种情况之一:

(1) 如果不满足条件 4、条件 5、条件 6 中的任何一个,则程序输出为"非三角形"。

(2) 如果有两条边相等,则程序输出为"等腰三角形"。

(3) 如果有三条边相等,则程序输出为"等边三角形"。

(4) 如果三条边都不相等,则程序输出为"一般三角形"。

分析可知,上面 4 种情况相互排斥。由于三角形问题共有三个变量,由测试用例数目 6 * n+1 计算可得,共有 6 * 3+1=19 个测试用例,如表 1.6 所示。

表 1.6 健壮性边界值测试用例

测试用例	A	B	C	预期输出
Test1	0	50	50	无效输入
Test2	1	50	50	等腰三角形
Test3	2	50	50	等腰三角形
Test4	99	50	50	等腰三角形
Test5	100	50	50	非三角形
Test6	101	50	50	无效输入
Test7	50	0	50	无效输入
Test8	50	1	50	等腰三角形
Test9	50	2	50	等腰三角形
Test10	50	99	50	等腰三角形

续表

测试用例	A	B	C	预期输出
Test11	50	100	50	非三角形
Test12	50	101	50	无效输入
Test13	50	0	0	无效输入
Test14	50	50	1	等腰三角形
Test15	50	50	2	等腰三角形
Test16	50	50	99	等腰三角形
Test17	50	50	100	非三角形
Test18	50	50	101	无效输入
Test19	50	50	50	等边三角形

1.5.4 决策表

决策表又称为判定表，是分析多种逻辑条件下执行不同操作的技术，在程序设计发展的初期，作为程序编写的辅助工具。决策表与高级程序设计语言中的 if-else、switch-case 等分支结构语句类似，将条件判断与执行的动作联系起来，可以明确表达复杂的逻辑关系和多种条件组合情况。

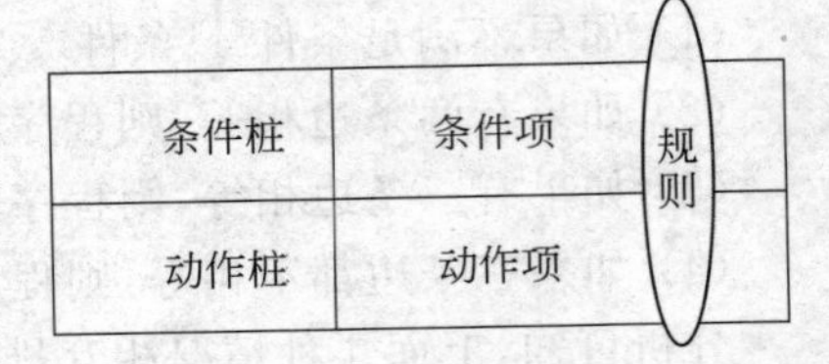

图 1.7 决策表的组成

决策表由四个部分组成，如图 1.7 所示。

(1) 条件桩：列出了问题的所有条件，通常认为列出的条件次序无关紧要。

(2) 动作桩：列出了问题规定可能采取的操作，这些操作的排列顺序没有约束。

(3) 条件项：列出针对条件桩的取值，在所有可能情况下的真假值。

(4) 动作项：列出在条件项的各种取值情况下应该采取的动作。

规则：任何条件组合的特定取值及其相应要执行的操作。在决策表中贯穿条件项和动作项的列就是规则。显然，决策表中列出多少条件取值，也就有多少规则，条件项和动作项就有多少列。

所有条件都是逻辑结果(即真/假、是/否、0/1) 的决策表称为有限条件决策表，如果条件有多个值，则对应的决策表叫作扩展条目决策表。决策表设计测试用例，条件解释为输入，动作解释为输出。

使用判定表设计测试用例的具体步骤如下：

(1) 确定规则的个数。假如有 n 个条件，每个条件有两个取值(0,1)，故有 $2n$ 种规则。

(2) 列出所有的条件桩和动作桩。

(3) 填入条件项。

(4) 填入动作项,得到初始判定表。

(5) 简化,合并相似规则(相同动作)。

简化表就是合并规则中两条或多条相同的动作,它们在条件项上存在相似的关系。如图 1.8 所示,在其左端,两规则动作项一样,条件项类似,在 1、2 条件项分别取 Y、N 时,无论条件 3 取何值,都执行同一操作。"—"表示与取值无关。

条件	1	Y	Y
	2	N	N
	3	Y	N
动作		X	X

⟹

条件	Y
	N
	—
动作	X

图 1.8 简化规则 1

如图 1.9 所示,无关条件项"—"包含其他条件项取值,具有相同动作的规则可合并。

条件	1	Y	Y
	2	—	N
	3	N	N
动作		X	X

⟹

条件	Y
	—
	N
动作	X

图 1.9 简化规则 2

【例 1.5】 某国有企业改革重组,对职工重新分配工作的政策如下:年龄在 20 岁以下,初中文化程度者脱产学习;高中文化程度者当电工。年龄在 20 岁到 40 岁之间,中学文化程度者男性当钳工;女性当车工,大学文化程度者都当技术员。年龄在 40 岁以上,中学文化程度者当材料员;大学文化程度者当技术员。请用决策表描述上述问题的加工逻辑。

【解析】 条件取值表如表 1.7 所示。

表 1.7 条件取值表

年龄	<20	T	T	F	F	F	F
	20≤age≤40	F	F	T	T	T	F
	>40	F	F	F	F	T	T
文化程度	初中	T	F	T	T	F	T
	高中	F	T	F	F	F	F
	大学	F	F	F	F	T	F
性别	男	、	、	T	F	、	、
	女	、	、	F	T	、	、
		脱产学习	电工	钳工	车工	技术员	材料员

1.5.5 因果图

等价类划分法和边界值分析法只是孤立地考虑各个输入数据的测试效果，没有考虑输入数据的组合及其相互制约关系。这样虽然各种输入条件可能出错的情况已经测试到了，但多个输入条件组合起来可能出错的情况却被忽视了。如果在测试时必须考虑输入条件的各种组合，则可能的组合数目将是天文数字，因此必须考虑采用一种适合于描述多种条件的组合、相应产生多个动作的形式来进行测试用例的设计，这就需要利用因果图(逻辑模型)。

因果图利用图解法分析输入的各种组合情况，适合于描述多种输入条件的组合、相应产生多个动作的方法。因果图具有如下好处：

(1) 考虑多个输入之间的相互组合、相互制约关系。

(2) 指导测试用例的选择，指出需求规格说明描述中存在的问题。

(3) 能够帮助测试人员按照一定的步骤，高效率地开发测试用例。

(4) 因果图法是将自然语言规格说明转化成形式语言规格说明的一种严格的方法，可以指出规格说明存在的不完整性和二义性。

下面介绍因果图的基本图形符号。

1. 原因-结果图

原因-结果图使用了简单的逻辑符号，以直线连接左右节点。左节点表示输入状态(原因)，右节点表示输出状态(结果)。图 1.10 表示规格说明中的 4 种因果关系，其中 c_i 表示原因，通常置于图的左部；e_i 表示结果，通常在图的右部。c_i 和 e_i 均可取值 0 或 1(0 表示某状态不出现，1 表示某状态出现)。

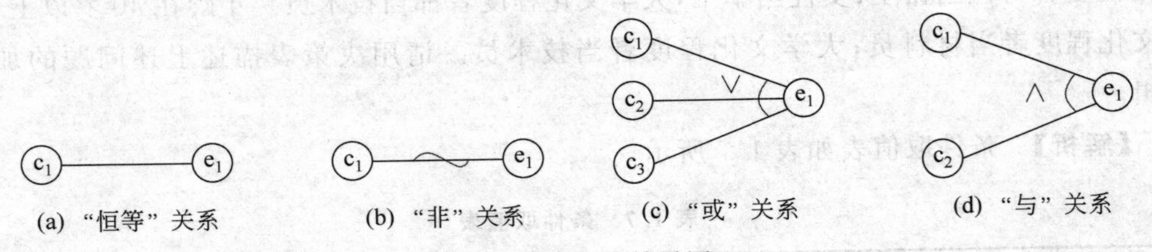

图 1.10 原因-结果图

图 1.10 中的(a)表示"恒等"关系，即若 c_i 是 1，则 e_i 也是 1；否则 e_i 为 0。(b)表示"非"关系，即若 c_i 是 1，则 e_i 是 0；否则 e_i 是 1。(c)表示"或"关系，"或"可有任意个输入。若 c_1、c_2 或 c_3 是 1，则 e_i 是 1；否则 e_i 为 0。(d)表示"与"关系，也可有任意个输入。若 c_1 和 c_2 都是 1，则 e_i 为 1；否则 e_i 为 0。

2. 约束图

输入输出状态相互之间存在的某些依赖关系，称为约束。例如，某些输入条件不可能同时出现等。如图 1.11 所示。

(1) E 约束(Exclusive，异)：a 和 b 中至多有一个可能为 1，即 a 和 b 不能同时为 1。

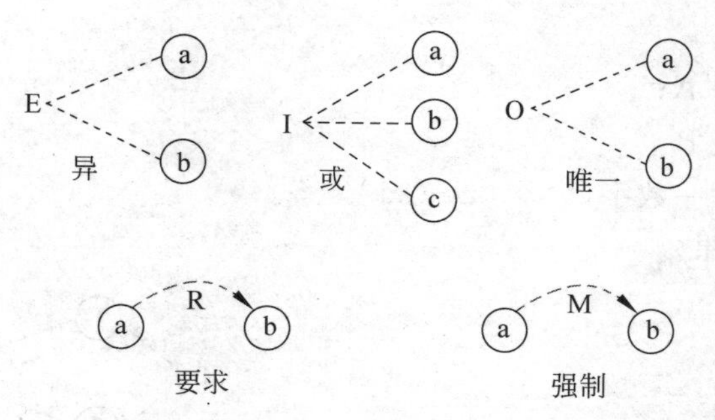

图 1.11 约束图

(2) I 约束(Inclusive,或):a、b 和 c 至少有一个是 1,即 a、b 和 c 不能同时为 0。

(3) O 约束(One and Only,唯一):a 和 b 必须有一个且仅有一个为 1。

(4) R 约束(Require,要求):a 是 1 时,结果 b 是 1。

(5) M 约束(Masks,强制):a 是 1 时,结果 b 是 0。

因果图设计测试用例需要如下步骤,如图 1.12 所示。

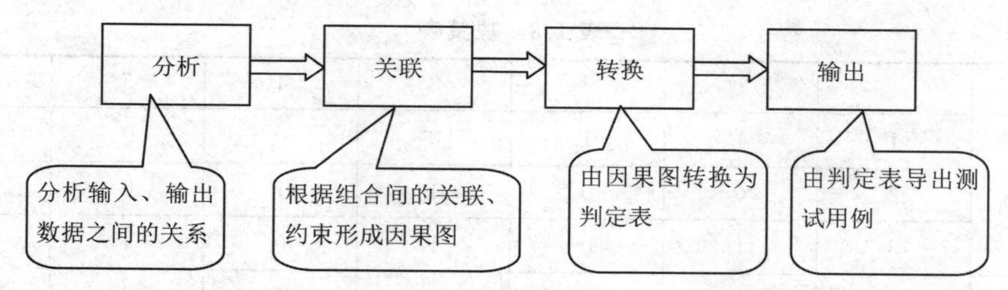

图 1.12 因果图生成测试用例的步骤示意图

步骤 1:分析软件规格说明,哪些是原因(即输入条件或输入条件的等价类),哪些是结果(即输出条件),给每个原因和结果赋予标识符。

步骤 2:分析原因与结果之间、原因与原因之间对应的逻辑关系,用因果图的方式表示出来。由于语法或环境限制,有些原因与原因之间、原因与结果之间的组合情况不可能出现,在因果图上用一些记号标明这些特殊情况的约束或限制条件。

步骤 3:把因果图转换为判定表。

步骤 4:从判定表的每一列产生出测试用例。

对于逻辑结构复杂软件,先用因果图进行图形分析,再用判定表进行统计,最后设计测试用例。当然,对于比较简单的测试对象,可以忽略因果图,直接使用决策表。

【例 1.6】 软件需求规格说明如下:第一列字符必须是 A 或 B,第二列字符必须是一个数字,在此情况下进行文件的修改,但如果第一列字符不正确,则给出信息 L;如果第二列字符不是数字,则给出信息 M。

【解析】 采用因果图方法,具体步骤如下:

步骤 1:分析软件规格说明书,识别哪些是原因,哪些是结果,原因往往是输入条件或者输入条件的等价类,而结果常常是输出条件。如下所示:

原因：

1—第一列字符是 A；

2—第一列字符是 B ；

3—第二列字符是一数字。

11—作为中间结果。

结果：

21—修改文件；

22—给出信息 L；

23—给出信息 M。

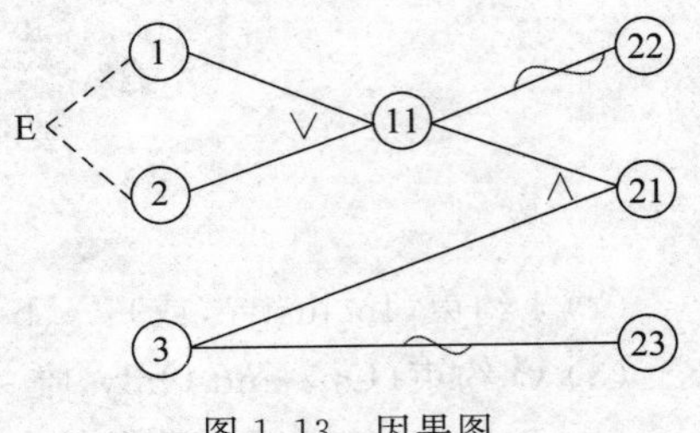

图 1.13　因果图

步骤 2：根据原因和结果产生因果图，如图 1.13 所示。

步骤 3：原因 1 和原因 2 不能同时为 1，即第一个字符不可能既是 A 又是 B，原因 3 只有 6 种取值。如表 1.8 所示。

表 1.8　决策表

		1	2	3	4	5	6
原因	1	1	1	0	0	0	0
	2	0	0	1	1	0	0
	3	1	0	1	0	1	0
结果	21	1	0	1	0	0	0
	22	0	0	0	0	1	1
	23	0	1	0	1	0	1
测试用例		A3 A5	AM AN	B5 B4	BN B!	C2 X6	DY P;

综合测试的具体策略如下：

(1) 在任何情况下，都应该使用边界值分析法进行测试。经验表明，这种方法设计出的测试用例暴露程序错误的能力最强，应该包括输入和输出数据的边界情况。

(2) 必要时用等价类划分法补充测试用例。

(3) 对照程序逻辑检查设计测试用例，可根据对程序的可靠性要求采用不同的逻辑覆盖标准，补充测试用例，达到逻辑覆盖标准。

(4) 如果有输入条件的组合，就应从输入条件及其组合开始测试。

1.6　习　　题

1. 软件测试的目的是什么？

2. 测试用例设计的基本思想是什么？

3. 输入框要求“用户名是由字母开头，后跟字母或数字的任意组合构成。有效字符数不超过 8 个”。要求：设计出有效等价类和无效等价类。

4. 采用边界值分析法设计三角形问题的测试用例。（三角形的三边 a、b、c 取值区间为 1～100。）

5. 对下列子程序进行调试：

```
procedure example(y,z: real; var x: real)
begin
    if(y>1) and (z=0) then x:=x/y;
    if(y=2) or (x=1) then x:=x+1;
end
```

要求：

（1）画出控制流图。

（2）用白盒法中条件组合覆盖设计测试用例。

自动测试技术

本章首先介绍了手工测试的局限性，给出软件自动化测试的基本概念、自动测试发展历程。重点介绍了自动化测试的分类，如界面测试、单元测试、压力测试等。介绍了测试成熟度模型、自动化测试原理。最后讲解了测试工具的相关功能。

2.1 概　　述

随着计算机的应用日益广泛，软件变得越来越庞大、越来越复杂，软件测试的工作量也随之增大。自动化测试相对手工测试而存在，手工逐个执行的测试用例操作过程被测试工具所代替，包括输入数据自动生成、结果验证、自动发送测试报告等。自动化测试是通过测试工具进行测试，具有良好的可操作性、可重复性和高效性等。

2.1.1　手工测试的局限性

手工测试具有如下一些局限性：

(1) 手工测试无法做到覆盖所有代码路径。

(2) 许多与时序、死锁、资源冲突、多线程等有关的错误，通过手工测试很难捕捉到。

(3) 系统负载、性能测试时，需要模拟大量数据或大量并发用户等各种应用场合时，很难通过手工测试进行。

(4) 系统的可靠性测试需要模拟系统运行十年、几十年，以验证系统能否稳定运行，手工测试无法模拟。

(5) 在回归测试中，短时间内需要大量(几千)测试用例，需要在短时间内完成，手工测试无法保证。

2.1.2　分层自动化测试

根据分层自动化测试的思想，上层为用户界面(也称 UI 层)，采用 QTP、Robot Framework、watir、Selenium 等测试工具实现界面测试。底层为单元测试，关注代码的实现逻辑，一般使用单元测试框架，如 Java 的 JUnit、C# 的 NUnit、Python 的 unittest、Pytest 等，实现单元测试。接口测试刚好处于中间层，关注函数、类(方法)所提供的接口是否可靠，包括安全测试、数据库测试、负载测试、压力测试和可靠性测试等，如图 2.1 所示。

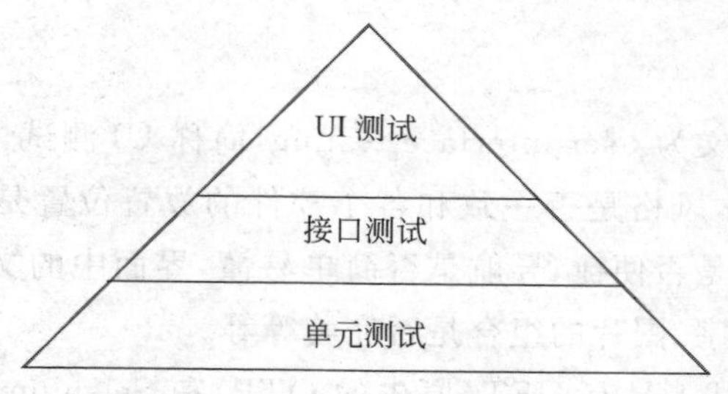

图 2.1 分层自动化测试示意图

2.1.3 自动化测试与手工测试

自动化测试不能完全代替手工测试，它们各自具有特点和优势，其测试对象和测试范围都不一样。

(1) 当软件需求变动过于频繁，需要多次更新测试用例及测试脚本，适合采用手工测试。

(2) 单元测试、集成测试、系统负载等需要模拟大量并发用户时，自动化测试可重复使用。

(3) 回归测试是软件每次有新版本都必须执行，也就是在软件的生命周期中会被反复执行的测试，因此这类测试很适合自动化测试。

2.2 自动化测试的分类

自动化测试的三层详细分为界面测试、单元测试、安全测试、数据库测试、负载测试、压力测试和可靠性测试等，如图 2.2 所示。

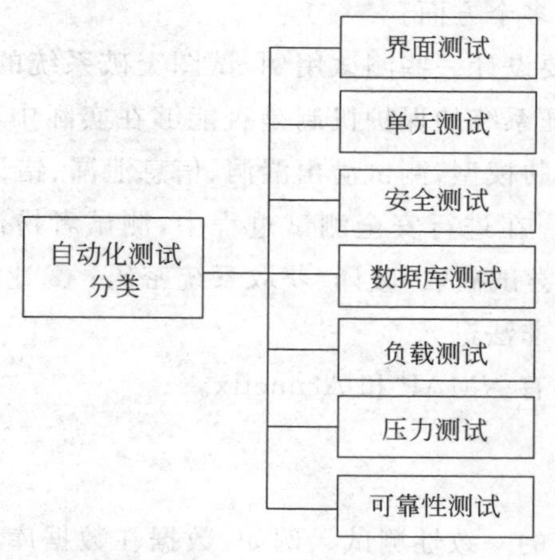

图 2.2 自动化测试分类

2.2.1 界面测试

用户界面测试的英文为 user interface testing，简称 UI 测试，测试用户界面的功能模块的布局是否合理，整体风格是否一致和各个控件的放置位置是否符合客户使用习惯。更重要的是要测试操作是否便捷，导航是否简单易懂，界面中的文字是否正确，命名是否统一，页面是否美观，文字、图片的组合是否完美等等。

针对 Web，界面测试工具有 UFT（原先的 QTP）和 Selenium 等。针对手机 App，界面测试工具有 Appium 等。

2.2.2 单元测试

单元测试是最低级别的测试活动，测试对象是软件设计的最小单位。例如，对结构化编程语言，比如 C 语言，单元测试的对象一般是函数或子过程。对面向对象语言，例如 Python 和 Java 等，单元测试的对象就是类、对象、类的成员函数。

最经典的单元测试工具是 JUnit，针对 Java 语言，开发者需要遵循 JUnit 的框架编写测试代码。由于 JUnit 相对独立于所编写的代码，测试代码可以先于实现代码编写，符合极限编程的测试优先设计的理念。C++ 语言的单元测试工具是 CPPTest，针对 Python 语言的单元测试工具是 unittest 等。

2.2.3 安全测试

安全测试是测试系统在应付非授权的内外部访问、非法侵入或故意损坏时的系统防护能力，检验系统有能力使可能存在的内外部伤害或损害的风险限制到可接受的水平内。可靠性通常包括安全性，但是软件的可靠性不能完全取代软件的安全性，安全性还涉及数据加密、保密、存取权限等多个方面。

进行安全测试时，需要设计一些测试用例，试图突破系统的安全保密措施，检验系统是否有安全保密漏洞，验证系统的保护机制是否能够在实际中不受到非法的侵入。安全性测试采用建立整体的威胁模型，测试溢出漏洞、信息泄漏、错误处理、SQL 注入、身份验证和授权错误、XSS 攻击。在进行安全测试过程中，测试者扮演成试图攻击系统的角色设计测试用例。例如：①尝试截取、破译、获取系统密码；②让系统失效、瘫痪，将系统制服，使他人无法访问，自己非法进入。

安全测试的软件工具有 NMAP 和 Acunetix。

2.2.4 数据库测试

数据库测试包括数据的一致性测试。例如，数据在数据库中的类型、长度、索引等是否设计合理。还包括数据库容量测试，即当处理大量数据时，测试是否达到了将使软件发生故障的极限，以及在给定时间内能够持续处理的最大负载或工作量。

数据库测试的软件工具有 dbmonster。

2.2.5 负载测试

负载测试(load testing)是通过测试系统在资源超负荷情况下的表现发现设计上的错误或验证系统的负载能力。在这种测试中,使测试对象承担不同的工作量,以评测和评估测试对象在不同工作量条件下的性能行为,以及持续正常运行的能力。负载测试的目标是确定并确保系统在超出最大预期工作量的情况下仍能正常运行。此外,负载测试还要评估性能特征,如响应时间、事务处理速率和其他与时间相关的内容。

负载测试是模拟实际软件系统所承受的负载条件的系统负荷,通过不断加载(如大量重复的行为、逐渐增加模拟用户的数量)或其他加载方式来观察不同负载下系统的响应时间和数据吞吐量,系统占用的资源(如 CPU、内存)等,以检验系统的行为和特性,发现系统可能存在的性能瓶颈、内存泄漏、不能实时同步等问题。

负载测试的加载方式通常有如下几种。

1. 一次加载

一次性加载某个数量的用户,在预定的时间段内持续运行。例如,早晨上班的时间,访问网站或登录网站的时间非常集中,基本属于扁平负载模式。

2. 递增加载

有规律地逐渐增加用户,每几秒增加一些新用户,交错上升。借助这种负载方式的测试,容易发现性能的拐点,即性能瓶颈。

3. 高低突变加载

某个时间用户数量很大,突然降到很低,过一段时间,又突然加到很高,反复几次。借助这种负载方式的测试,容易发现资源释放、内存泄露等问题。

4. 随机加载方式

由随机算法自动生成某个数量范围内变化的、动态的负载,这种方式可能是和实际情况最接近的一种负载方式。虽然不容易模拟系统运行出现的瞬时高峰期,但可以模拟系统长时间高位运行过程的状态。

2.2.6 压力测试

压力测试,又称强度测试,是在异常数量、频率或资源的情况下重复执行测试,以检查程序对异常情况的抵抗能力,发现性能下降的拐点,从而获得系统能提供的最大服务级别的测试。

异常情况主要指那些峰值、极限值、大量数据的长时间处理等,包括如下内容:

(1) 连接或模拟了最大(实际或实际允许)数量的客户机。

(2) 所有客户机在长时间内执行相同的、性能可能最不稳定的重要业务功能。

(3) 已达到最大的数据库大小,而且同时执行多个查询或报表事务。

(4) 当中断的正常频率为每秒 1～2 个时,运行每秒产生十个中断的测试用例。

(5) 运行可能导致虚存操作系统崩溃或大量数据对磁盘进行存取操作的测试用例等。

压力测试可以分为稳定性测试和破坏性测试,具体内容如下。

(1) 稳定性压力测试。在选定的压力值下,持续运行 24 小时以上的测试。通过压力测试,可以考察各项性能指标是否在指定范围内,有无内存泄漏、有无功能性故障等。

(2) 破坏性压力测试。在压力稳定性测试中可能会出现一些问题,如系统性能明显降低,但很难暴露出真实的原因。通过破坏性不断加压的手段,往往能快速造成系统的崩溃或让问题明显地暴露出来。

压力测试通过跟踪机制(如日志等),查看监视系统,找出问题出现的关键时间或检查测试运行参数,通过分析问题或参数有目的地调整测试策略或测试环境,使压力测试结果真实地反映出软件的性能。

2.2.7 可靠性测试

软件可靠性是软件质量的一个重要标志。美国电气和电子工程师协会(IEEE)将软件可靠性定义为:系统在特定的环境下,在给定的时间内无故障地运行的概率。

该定义包括以下两方面的含义:

(1) 在规定的条件下,在规定的时间内,软件不引起系统失效的概率。

(2) 在规定的时间周期内,在所述条件下程序执行所要求的功能的能力。

软件可靠性涉及软件的性能、功能性、可用性、可服务性、可安装性、可维护性等多方面特性,是对软件在设计、生产以及在它所预定环境中具有所需功能的置信度的一个度量。软件可靠性与硬件可靠性之间主要存在以下区别:

(1) 最明显的是硬件有老化损耗现象,硬件失效是物理故障,是器件物理变化的必然结果;软件不发生变化,没有磨损现象,有陈旧落后的问题。

(2) 硬件可靠性的决定因素是时间,受设计、生产、运用等过程影响,软件可靠性的决定因素是与输入数据有关的软件差错,是输入数据和程序内部状态的函数,更多地取决于人。

(3) 硬件的纠错维护可通过修复或更换失效的系统重新恢复功能,软件只有通过重新设计。

(4) 对硬件可采用预防性维护技术预防故障,采用断开失效部件的办法诊断故障,而软件则不能采用这些技术。

(5) 事先估计可靠性测试和可靠性的逐步增长等技术对软件和硬件有不同的意义。

(6) 为提高硬件可靠性,可采用冗余技术,而同一软件的冗余不能提高可靠性。

(7) 硬件可靠性检验方法已建立,并已标准化,且有一整套完整的理论,而软件可靠性验证方法仍未建立,更没有完整的理论体系。

(8) 硬件可靠性已有成熟的产品市场,而软件产品市场还很新。

(9) 软件错误是永恒的,可重现的,而一些瞬间的硬件错误可能会被误认为是软件错误。

总的说来，软件可靠性比硬件可靠性更难保证，即使是美国宇航局的软件系统，其可靠性仍比硬件可靠性低一个数量级。

2.3 测试成熟度模型

测试成熟度模型（testing capability maturity model，TMM）受能力成熟模型（capability maturity model for sofware，CMM）模型启发。由于CMM没有充分的定义测试，没有提及测试成熟度，没有对测试过程改进进行充分说明，与对质量相关的测试问题，如可测性、充分测试标准、测试计划等方面也没有阐述，所以，TMM产生。

TMM描述了测试过程，使得项目测试部分得到良好计划和控制的基础。TMM测试成熟度分解为如下5个级别：初始级；定义级；集成级；管理和测量级和优化；预防缺陷和质量控制级。

2.3.1 初始级

TMM初始级软件测试过程的特点是测试过程无序，有时甚至是混乱的，几乎没有妥善定义。初始级中软件的测试与调试常常被混为一谈，软件开发过程中缺乏测试资源、工具以及训练有素的测试人员。初始级的软件测试过程没有定义成熟度目标。

2.3.2 定义级

在TMM的定义级中，测试已具备基本的测试技术和方法，软件的测试与调试已经明确地被区分开。TMM的定义级中需实现3个成熟度目标：制订测试与调试目标，启动测试计划过程，制度化基本的测试技术和方法。

1. 制定测试与调试目标

软件组织必须区分软件开发的测试过程与调试过程，识别各自的目标、任务和活动。正确区分这两个过程是提高软件组织测试能力的基础。与调试工作不同，测试工作是一种有计划的活动，可以进行管理和控制。这种管理和控制活动需要制定相应的策略和政策，以确定和协调这两个过程。

制定测试与调试目标包含5个子成熟度目标：

(1) 分别形成测试组织和调试组织，并有经费支持。

(2) 规划并记录测试目标。

(3) 规划并记录调试目标。

(4) 将测试和调试目标形成文档，并分发至项目涉及的所有管理人员和开发人员。

(5) 将测试目标反映在测试计划中。

2. 启动测试计划过程

测试计划作为过程可重复、可定义和可管理的基础，包括测试目的、风险分析、测试策略以及测试设计规格说明和测试用例。此外，测试计划还应说明如何分配测试资源，如何划分单元测试、集成测试、系统测试和验收测试。启动测试计划过程包含以下 5 个子目标：

（1）建立组织内的测试计划组织，并予以经费支持。

（2）建立组织内的测试计划政策框架，并予以管理上的支持。

（3）开发测试计划模板并分发至项目的管理者和开发者。

（4）建立一种机制，使用户需求成为测试计划的依据之一。

（5）评价、推荐和获得基本的计划工具，并从管理上支持工具的使用。

3. 制度化基本的测试技术和方法

改进测试过程能力，应用基本的测试技术和方法，并说明何时和怎样使用这些技术、方法和支持工具，基本测试技术和方法制度化有如下 2 个子目标：

（1）在组织范围内成立测试技术组，研究、评价和推荐基本的测试技术和测试方法，推荐支持这些技术与方法的基本工具。

（2）制定管理方针，以保证在全组织范围内一致使用所推荐的技术和方法。

2.3.3 集成级

在 TMM 的集成级中，测试不再是编码阶段之后的阶段，而是被扩展成与软件生命周期融为一体的一组活动。测试活动遵循 V 模型（V 模型反映了测试活动与开发活动的各个阶段之间的对应关系）。测试人员在需求分析阶段便开始着手制订测试计划，根据用户需求建立测试目标和设计测试用例。软件测试组织提供测试技术培训，测试工具支持关键测试活动。但是，集成级没有正式的评审程序，没有建立质量过程和产品属性的测试度量。

集成级要实现如下 4 个成熟度目标：建立软件测试组织、制订技术培训计划、软件生命周期测试、控制和监视测试过程。

1. 建立软件测试组织

软件测试过程对软件产品质量有直接影响。测试往往是在时间紧、压力大的情况下完成一系列复杂活动。测试组完成与测试有关的活动。包括制订测试计划，实施测试执行，记录测试结果，制订与测试有关的标准和测试度量，建立测试数据库，测试重用，测试跟踪以及测试评价等。

建立软件测试组织要实现以下 4 个子目标：

（1）建立全组织范围内的测试组，并得到上级管理层的领导和各方面的支持，包括经费支持。

（2）定义测试组的作用和职责。

（3）由训练有素的人员组成测试组。

（4）建立与用户或客户的联系，收集他们对测试的需求和建议。

2. 制订技术培训计划

为高效率地完成好测试工作，测试人员必须经过适当的培训。

制订技术培训规划有以下3个子目标：

(1) 制订组织的培训计划，并在管理上提供包括经费在内的支持。

(2) 制订培训目标和具体的培训计划。

(3) 成立培训组，配备相应的工具、设备和教材。

3. 软件全生命周期测试

提高测试成熟度和改善软件产品质量都要求将测试工作与软件生命周期中的各个阶段联系起来。该测试有以下4个子目标：

(1) 将测试阶段划分为子阶段，并与软件生命周期的各阶段相联系。

(2) 基于已定义的测试子阶段，采用软件生命周期V字模型。

(3) 制定与测试相关的工作产品标准。

(4) 建立测试人员与开发人员共同工作的机制。这种机制有利于促进将测试活动集成于软件生命周期中。

4. 控制和监视测试过程

软件组织采取如下措施：制定测试产品的标准，制订与测试相关的偶发事件的处理预案，确定测试里程碑，确定评估测试效率的度量，建立测试日志等。控制和监视测试过程有以下3个子目标：

(1) 制定控制和监视测试过程的机制和政策。

(2) 定义、记录并分配一组与测试过程相关的基本测量。

(3) 开发、记录并文档化一组纠偏措施和偶发事件处理预案，以备实际测试严重偏离计划时使用。

在TMM的定义级中，在测试过程中引入计划能力，在TMM的集成级中，在测试过程引入控制和监视活动。两者均为测试过程提供了可见性，为测试过程的持续提供保证。

2.3.4 管理和测量级

在TMM的管理和测量级中，测试活动包括软件生命周期中各个阶段的评审、审查和追查，这使得测试活动涵盖软件验证和确认活动。因为测试是可以量化并度量的过程，因此根据管理和测量级要求，与软件测试相关的活动，如测试计划、测试设计和测试步骤都要经过评审。为了测量测试过程，要建立测试数据库，用于收集和记录测试用例，记录缺陷并按缺陷的严重程度划分等级。此外，所建立的测试规程应能够支持软件组织对测试过程的控制和测量。

管理和测量级有3个要实现的成熟度目标：建立组织范围内的评审程序、建立测试过程的测量程序和软件质量评价。

1. 建立组织范围内的评审程序

软件组织应在软件生命周期的各阶段实施评审，以便尽早有效地识别、分类和消除软件中的缺陷。建立评审程序有以下4个子目标：

（1）管理层要制定评审政策，支持评审过程。

（2）测试组和软件质量保证组要确定并文档化整个软件生命周期中的评审目标、评审计划、评审步骤以及评审记录机制。

（3）评审项由上层组织指定。培训参加评审的人员，使他们理解和遵循相关的评审政策、评审步骤。

2. 建立测试过程的测量程序

测试过程的测量程序是评价测试过程质量、改进测试过程的基础，它对监视和控制测试过程至关重要。测量包括测试进展、测试费用、软件错误和缺陷数据以及产品测量等。建立测试测量程序有以下3个子目标：

（1）定义组织范围内的测试过程测量政策和目标。

（2）制订测试过程测量计划。测量计划中应给出收集、分析和应用测量数据的方法。

（3）应用测量结果制订测试过程改进计划。

3. 软件质量评价

软件质量评价包括定义可测量的软件质量属性，定义评价软件工作产品的质量目标等工作。软件质量评价有以下2个子目标：

（1）管理层、测试组和软件质量保证组要制订与质量有关的政策、质量目标和软件产品质量属性。

（2）测试过程应是结构化、已测量和已评价的，以保证达到质量目标。

2.3.5 优化，预防缺陷和质量控制级

本级的测试过程是可重复、可定义、可管理的，因此软件组织要优化调整和持续改进测试过程。测试过程的管理为持续改进产品质量和过程质量提供指导，并提供必要的基础设施。

优化，预防缺陷和质量控制级有以下3个要实现的成熟度目标：

（1）应用过程数据预防缺陷，此时的软件组织能够记录软件缺陷，分析缺陷模式，识别错误根源，制订防止缺陷再次发生的计划，提供跟踪这种活动的办法，并将这些活动贯穿于全组织的各个项目中。应用过程数据预防缺陷的成熟度子目标如下：

① 成立缺陷预防组。

② 识别和记录在软件生命周期各阶段引入的软件缺陷和消除的缺陷。

③ 建立缺陷原因分析机制，确定缺陷原因。

④ 管理、开发和测试人员互相配合制订缺陷预防计划，防止已识别的缺陷再次发生。缺陷预防计划要具有可跟踪性。

（2）质量控制在本级，软件组织通过采用统计采样技术、测量组织的自信度、测量用户对组织的信赖度以及设定软件可靠性目标来推进测试过程。为了加强软件质量控制，测试组和质量保证组要有负责质量的人员参加，他们应掌握能减少软件缺陷和改进软件质量的技术和工具。支持统计质量控制的子目标如下：

① 软件测试组和软件质量保证组建立软件产品的质量目标,如产品的缺陷密度、组织的自信度以及可信赖度等。

② 测试管理者要将这些质量目标纳入测试计划中。

③ 培训测试组学习和使用统计学方法。

④ 收集用户需求,以建立使用模型。

(3) 优化测试过程在测试成熟度的最高级,已能够量化测试过程。这样就可以依据量化结果来调整测试过程,不断提高测试过程能力,并且软件组织要具有支持这种能力持续增长的基础设施。基础设施包括政策、标准、培训、设备、工具以及组织结构等。优化测试过程包含如下内容:

① 识别需要改进的测试活动。

② 实施改进。

③ 跟踪改进进程。

④ 不断评估所采用的与测试相关的新工具和新方法。

⑤ 支持技术更新。

(4) 测试过程优化所需子成熟度目标如下。

① 建立测试过程改进组,监视测试过程,并识别其需要改进的部分。

② 建立适当的机制,以评估改进测试过程能力和测试成熟度的新工具和新技术。

③ 持续评估测试过程的有效性,确定测试终止准则。终止测试的准则要与质量目标相联系。

总之,TMM 的 5 个阶段总结如下:

第一阶段:测试和调试没有区别,除了支持调试外,测试没有其他目的。

第二阶段:测试的目的是为了表明软件能够工作。

第三阶段:测试的目的是为了表明软件能够正常工作。

第四阶段:测试的目的不是要证明什么,而是为了把软件不能正常工作的预知风险降低到能够接受的程度。

第五阶段:测试成了自觉的约束,不用太多的测试投入即产生低风险的软件。

综上所述,表 2.1 给出了测试成熟度模型的基本描述。

表 2.1 测试成熟度模型的基本描述

级别	简单描述	特征	目标
初始级	测试处于一个混乱的状态,缺乏成熟的测试目标,测试处于可有可无的地位	还不能把测试同调试分开;编码完成后才进行测试工作;测试的目的是表明程序没有错;缺乏相应的测试资源	
定义级	测试目标是验证软件符合需求,会采用基本的测试技术和方法	测试被看作是有计划的活动;测试同调试分开;编码完成后才进行测试工作	启动测试计划过程;将基本的测试技术和方法制度化

续表

级别	简单描述	特 征	目 标
集成级	测试不再是编码后的一个阶段，而是贯穿在整个软件生命周期中，测试建立在满足用户或客户的需求上	具有独立的测试部门；根据用户需求设计测试用例；有测试工具辅助进行测试工作；没有建立起有效的评审制度；没有建立起质量控制和质量度量标准	建立软件测试组织；制订技术培训计划；测试在整个生命周期内进行；控制和监视测试过程
管理和度量级	测试是一个度量和质量的控制过程。在软件生命周期中的评审被作为测试和软件质量控制的一部分	进行可靠性、可用性和可维护性等方面的测试；采用数据库来管理测试用例；具有缺陷管理系统并划分缺陷的级别；还没有建立起缺陷预防机制，缺乏自动对测试中产生的数据进行收集和分析的手段	实施软件生命周期中各阶段评审；建立测试数据库，并记录、收集有关测试数据；建立组织范围内的评审程序；建立测试过程的度量方法和程序；进行软件质量评价
优化级	具有缺陷预防和质量控制的能力，已经建立起测试规范和流程，并不断地进行测试改进	运用缺陷预防和质量控制措施；选择和评估测试工具存在一个既定的流程；测试自动化程度高；自动收集缺陷信息；有常规的缺陷分析机制	应用过程数据预防缺陷，统计质量控制，建立软件产品的质量目标，持续改进、优化测试过程

2.4 自动化测试原理

自动化测试模拟人工对计算机的操作过程、操作行为，采用的自动化测试原理如下所示：代码的静态和动态分析、测试过程的捕获和回放、测试脚本技术和虚拟用户技术。

2.4.1 代码分析

代码分析是白盒测试的自动化方法，类似于高级编译系统，一般针对高级语言构造分析工具，定义类、对象、函数、变量等定义规则、语法规则，对代码进行语法扫描，找出不符合编码规范的地方，根据某种质量模型评价代码质量、生成系统的调用关系图等。

2.4.2 录制回放

目前的自动化负载测试解决方案几乎都是采用“录制-回放”技术。录制是识别用户界面的元素以及捕获键盘、鼠标的输入，将用户的每一步操作过程，用户界面的对象（如窗口、按钮、滚动条等）状态或属性，用脚本语言记录；然后将实际输出记录和预先给定的预期结果进行自动对比分析，确定是否存在差异。

“录制-回放”的步骤如下所示：

步骤1：先由手工完成一遍操作流程。

步骤2：由计算机记录过程中客户端和服务器端的通信信息，包括协议和数据。

步骤3：形成特定的脚本程序。

步骤4：在系统的统一管理下生成多个虚拟用户，运行该脚本，监控硬件和软件平台的性能，提供分析报告或相关资料。

2.4.3 脚本技术

脚本是一组测试工具执行的指令集合，具有如下功能：

(1) 支持多种常用的变量和数据类型。

(2) 支持各种条件逻辑、循环结构。

(3) 支持函数的创建和调用。

脚本有两种，一种是手动编写或嵌入源代码；另一种是通过测试工具提供的录制功能，运行程序自动录制，生成脚本。录制生成脚本简单且智能化，容易操作，但仅靠自动录制脚本无法满足用户的复杂要求，因此需要手工添加函数进行参数设置，增强脚本的实用性。

手工编写脚本具有如下优点：

(1) 可读性好，流程清晰，检查点截取含义明确。

业务级的代码比协议级代码容易理解，也更容易维护，而录制生成的代码大多没有维护的价值。

(2) 手写脚本比录制脚本更真实地模拟应用。

录制脚本截获了网络包，生成协议级的代码，却往往忽略客户端的处理逻辑，不能真实模拟应用程序的运行。

(3) 手写脚本比录制脚本更能提高测试人员的技术水平。

测试工具提供如Java、Python、VB、C等高级程序设计语言的脚本，允许用户根据不同测试要求定义开发各种语言类型的测试脚本。

脚本测试的开发流程如下所示：

步骤1：根据测试设计文档确定自动测试范围。使用捕获/回放工具生成初始的测试脚本。

步骤2：对生成的脚本进行修改，得到正确的、可复用的、可维护性好的脚本。

步骤3：执行修改后的脚本，获得实际的运行效果。

步骤4：对观察到的运行结果进行分析和比较，报告发现的缺陷；评价本次运行结果，分析存在的问题和不足，提出下一步的改进方案。

步骤5：重复前面的步骤，进行回归测试和其他测试。根据需要，可能从第一步开始重复执行，也可能从后面各步开始重复执行。

脚本测试的开发流程如图2.3所示。

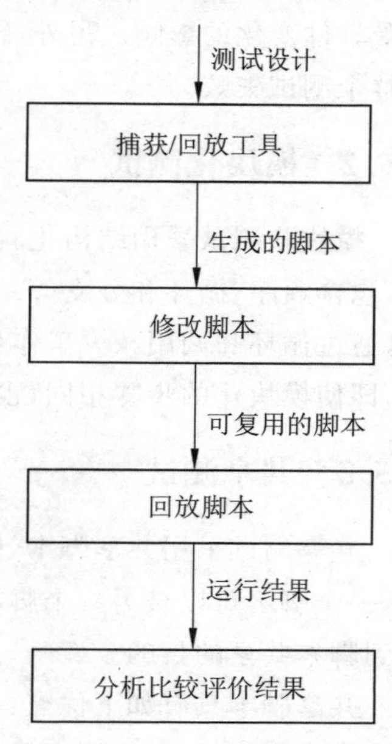

图2.3 脚本测试的开发流程

2.4.4 虚拟用户技术

虚拟用户技术通过模拟真实用户行为对被测程序

(application under test,AUT)施加负载,测量 AUT 的性能指标值,如事务的响应时间、服务器吞吐量等。虚拟用户技术以真实用户的“商务处理”(用户为完成一个商业业务而执行的一系列操作)作为负载的基本组成单位,用“虚拟用户”(模拟用户行为的测试脚本)模拟真实用户。

负载需求(例如并发虚拟用户数、处理的执行频率等)通过人工收集和分析系统使用信息来获得,负载测试工具模拟成千上万个虚拟用户(同时访问 AUT,来自不同 IP 地址、不同浏览器类型以及不同网络连接方式的请求)并实时监视系统性能,帮助测试人员分析测试结果。虚拟用户技术具有成熟测试工具支持,但确定负载的信息要依靠人工收集,准确性不高。

2.5 自动化测试模型

根据脚本类型不同,以及自动化执行方式的不同,自动化测试模型包括线性测试、模块化测试、共享测试、数据驱动测试和关键字驱动测试。

2.5.1 线性测试

线性测试是指采用线性脚本实现测试。线性脚本由录制应用程序的操作步骤而产生适用于演示、培训或执行较少且环境变化小的测试、数据转换的操作功能。线性测试具有每个脚本相对独立,且不产生其他依赖和调用的优点。但是,其开发成本高,过程较烦琐,过多依赖于每次捕获内容,测试输入和比较是“捆绑”在脚本中,不能共享或重用脚本,容易受软件变化的影响。另外,线性脚本修改代价大,维护成本高,容易受意外事件影响,导致整个测试失败。

2.5.2 模块化测试

模块化测试采用结构化脚本,结构化脚本类似于结构化程序设计,具有各种逻辑结构,包含顺序、循环和分支等结构,以及函数调用功能。结构化脚本具有可重用性、健壮性,通过循环和调用减少工作量,从而提高测试用例的可维护性。但是,由于测试数据不同,即使模块化的步骤相同,也依旧要重复编写登录脚本。

2.5.3 共享测试

共享测试采用共享脚本,侧重描述脚本中共享的特性。脚本可以被多个测试用例使用,一个脚本可以被另一个脚本调用。当重复任务发生变化时,只需修改一个脚本,便可达到脚本共享的目的。

共享脚本具有如下优点:以较少的开销实现类似的测试,维护共享脚本的开销低于线性脚本。但是,共享脚本需要跟踪更多的脚本,给配置管理带来一定困难,并且对于每个测试用例仍然需要特定的测试脚本。

2.5.4 数据驱动测试

数据驱动测试将测试脚本和操作分离，数据存放在独立的数据文件（数据库）中，而不是绑定在脚本中。执行时是从数据文件中读数据，使得同一个脚本执行不同的测试，因此测试只需对数据进行修改，不必修改执行脚本。通过一个测试脚本指定不同的测试数据文件，可以实现较多的测试用例，将数据文件单独列出，选择合适的数据格式和形式，可以达到简化数据、减少出错的目的。但是，数据驱动脚本建立伊始的开销较大，需要专业人员支持。

2.5.5 关键字驱动测试

作为比较复杂的数据驱动技术的逻辑扩展，关键字驱动是将数据文件变成测试用例的描述，用一系列关键字指定要执行的任务。关键字驱动技术假设测试者具有被测系统知识和技术，不必告之如何进行详细动作，以及测试用例如何执行，只说明测试用例即可。关键字驱动脚本多使用说明性方法和描述性方法。

2.6 测试工具

软件测试工具可分为静态测试工具和动态测试工具。

2.6.1 静态测试工具

静态测试工具是在不执行程序的情况下分析软件的特性。静态分析主要集中在需求文档、设计文档以及程序结构上，可以进行类型分析、接口分析、输入输出规格说明分析等。静态测试工具有如下功能：代码审查（code auditing）、一致性检查（consistency checking）、错误检查（error checking）、输入输出规格说明分析（I/O specification analysis）、数据流分析（data flow analysis）、类型分析（type analysis）、单元分析（unit analysis）等。

（1）代码审查：代码审查工具用于了解代码相关性、跟踪程序逻辑、观看程序的图形表达，确认死代码，确定需要特别关照的域，检查源程序是否遵循了程序设计规则等。

（2）一致性检查：一致性检查检测程序的各单元是否使用了统一的记法或术语，这类工具通常用以检查是否遵循了设计规格说明书。

（3）错误检查：错误检查用以确定差异和分析错误严重性和原因。

（4）接口分析：接口分析检查程序单元之间接口的一致性，以及是否遵循了预先确定的规则或原则。

（5）输入输出规格说明分析：通过分析输入输出规格说明生成测试输入数据。

（6）数据流分析：数据流分析检测数据的赋值与引用之间是否出现了不合理现象，如引用未赋值的变量，对以前未曾引用变量的再次赋值等数据流异常现象。

（7）类型分析：类型分析检测命名的数据项和操作是否得到了正确使用。

（8）单元分析：单元分析检测单元或构成实体的物理元件是否定义正确和使用

一致。

(9) 复杂度分析：复杂度分析有助于确定分析域中的风险，帮助软件测试工程师精确地计划他们的测试活动。

2.6.2 动态测试工具

动态测试工具与静态测试工具不同，它直接执行被测程序，用于功能确认与接口测试、覆盖率分析、性能分析、内存分析等。

(1) 功能确认与接口测试：这部分测试包括对各个模块功能、模块间的接口、局部数据结构、主要的执行路径、错误处理等进行测试。

(2) 性能分析：应用程序的性能问题得不到解决，将极大地降低并影响应用程序的质量，于是查找和修改性能瓶颈已成为改善整个系统性能的关键。

(3) 覆盖分析：覆盖分析工具大量用于单元测试中，对涉及的程序结构元素进行度量，以确定测试运行的充分性，用于告知被测试中哪些部分已被测试过，哪些部分还没有被覆盖到，需要进一步测试，还可以度量设计层次结构，如调用树结构的覆盖率。

(4) 内存分析：通过测量内存使用情况可以了解程序内存分配的真实情况，发现对内存的不正常使用，在问题出现前发现征兆，在系统崩溃前发现内存泄露错误，通过发现内存分配错误找出发生故障的原因。

2.7 习题

1. 自动化测试适合哪些场合？
2. 测试成熟度模型有哪几个等级？
3. 负载测试与压力测试有什么异同点？
4. 兼容性测试是什么？
5. 静态测试工具和动态测试工具各有什么特点？

Python与软件测试

本章首先介绍 Python 的相关知识，包括 Python 语言的特点、应用场合等；其次介绍 Python 解释器，以及 Python 编辑器的安装和配置；最后，简要介绍 Python 的相关测试框架，如 unittest、Pytest、Selenium、Appium 等。

3.1 Python 简介

3.1.1 Python 的历史

Python 是一种解释型、面向对象、动态数据类型的高级程序设计语言，被列入 LAMP (Linux、Apache、Mysql 以及 Python/Perl/PHP)。Python 由 Guido van Rossum 于 1989 年底发明，第一个公开发行版发行于 1991 年。像 Perl 语言一样，Python 源代码同样遵循 GNU 通用公共授权(General Public License，GPL)协议。

Python 2.0 于 2000 年 10 月 16 日发布，实现垃圾回收，并支持 Unicode。Python 3.0 版本于 2008 年 12 月 3 日发布，常被称为 Python 3000，或简称 Py3k。它相对于 Python 的早期版本作了较大的升级，未考虑向下相容，导致早期 Python 程式无法在 Python 3.0 上正常执行。为此，Python 2.6 和 2.7 作为一个过渡版本，基本使用了 Python 2.x 的语法和库，同时考虑了向 Python 3.0 的迁移，允许使用部分 Python 3.0 的语法与函数。

3.1.2 Python 的特点

Python 是一种简单易学、功能强大的编程语言，它有高效率的高层数据结构，简单而有效地实现面向对象编程。Python 具有如下一些特点。

1. 简单易学

Python 作为代表简单主义思想的语言，语法简捷而清晰，结构简单。用户可以快速上手学习。在学习 Python 过程中，不用计较程序语言在形式上的诸多细节和规则，用户可以专注程序本身的逻辑和算法，探究程序执行的过程。

2. 免费开源

Python 是 FLOSS(自由/开放源码软件)之一，用户可以自由地发布这个软件的拷贝，阅读它的源代码，对它做改动，并将它用于新的自由软件中。

3. 解释型语言

计算机并不能直接接收和执行用高级语言编写的源程序，源程序在输入计算机时，通过“翻译程序”翻译成机器语言形式的目标程序，计算机才能识别和执行。这种“翻译”通常有两种方式：一种是编译执行；另一种是解释执行。

编译执行是指源程序代码先由编译器编译成可执行的机器码，然后再执行；解释执行是指源代码程序被解释器直接读取执行。编译执行和解释执行各有优缺点。编译执行可一次性将高级语言源程序编译成二进制的可执行指令，通常执行效率高；而解释执行是由该语言（如 HTML）运行环境（如浏览器）读取一条该语言的源程序，然后转变成二进制指令，交给计算机执行，通常可以灵活地跨平台。C、C++ 等采用编译执行方式，Python 作为解释型语言，与 Java 语言类似，不需要编译成二进制代码，而是通过解释器把源代码转换成称为字节码的中间形式，由虚拟机负责在不同的计算机运行。因此，Python 程序便于移植，可在众多平台运行，如 Linux、Windows、Macintosh、OS/2 等。

4. 面向对象

Python 是完全面向对象的语言。函数、模块、数字、字符串都是对象，并且完全支持继承、重载、派生、多重继承。用 Python 语言编写程序无须考虑硬件和内存等底层细节。

5. 丰富的库

Python 称为胶水语言，能够轻松地与其他语言（特别是 C 或 C++）联结在一起。其具有丰富的 API 和标准库，支持图形处理、科学计算、Web 开发、爬虫、人工智能等。

3.1.3 Python 的应用场合

Python 功能强大，主要应用于以下场合。

1. GUI 软件开发

Python 具有 wxPython、PyQT 等工具，因此可以快速开发出 GUI，并且不做任何改变就可以运行在 Windows、Linux 等平台上。

2. 网络应用开发

Python 提供了标准 Internet 模块，可以广泛应用到各种网络任务中，无论在服务端还是在客户端。另外，网站编程第三方工具，如 HTMLGen、mod_python、Django、TurboGears、Zop 可以帮助 Python 快速构建功能完善和高质量的网站。

3. 游戏开发

Pygame 是建立在 SDL(Simple DirectMedia Layer)基础上的软件包，提供了简单的方式控制媒体信息（如图像、声音等），专为电子游戏设计使用。Pygamer 的下载网址为

www.pygame.org，如图 3.1 所示。

图 3.1 Pygame 网址

4. 科学计算

Python 具有科学计算的三剑客，即 numpy、scipy、matplotlib。其中，numpy 负责数值计算、矩阵操作等；scipy 负责常见的数学算法，插值、拟合等；matplotlib 负责数据可视化。

5. Web 与移动设备应用开发

Web2py 是一种免费的开源的 Web 开发框架，帮助开发者分别设计、实施和测试 MVC(模型 Model、视图 View、控制器 Controller)模型。web2py 的下载网址为 www.web2py.com，如图 3.2 所示。

6. 数据库开发

Python 支持所有主流数据库，如 Oracle、Sybase、MySQL、PostgreSQL、Informix 等，并通过标准的数据库 API 接口将关系数据库映射到 Python 类，实现面向对象数据库系统。

7. 系统编程

Python 对操作系统服务设置的内置接口，使其成为编写可移植的维护操作系统的管理工具和部件。Python 程序可以搜索文件和目录树，运行其他程序，用进程或线程进行并行处理等。

图 3.2　web2py 网址

3.2　Python 解释器

3.2.1　在 Ubuntu 下安装 Python

Ubuntu(乌班图)是一个以桌面应用为主的 Linux 操作系统,它基于 Debian 发行版和 GNOME 桌面环境。与 Debian 不同的是,它每 6 个月会发布一个新版本。Ubuntu 的目标在于为用户提供最新的、同时又相当稳定的自由软件构建的操作系统。

在 Ubuntu 中内置 Python,如图 3.3 所示。

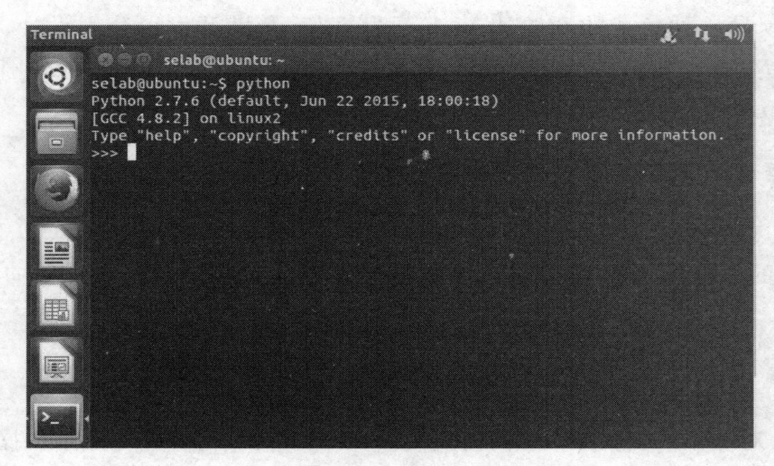

图 3.3　Ubuntu 下内置 Python

3.2.2　在 Windows 下安装 Python

在 Windows 下安装 Python，一般具有如下步骤：

步骤 1：在浏览器中输入 http://www.Python.org 进入 Python 官网，在下载页选择 Python3 版本的安装包进行安装，如图 3.4 所示。

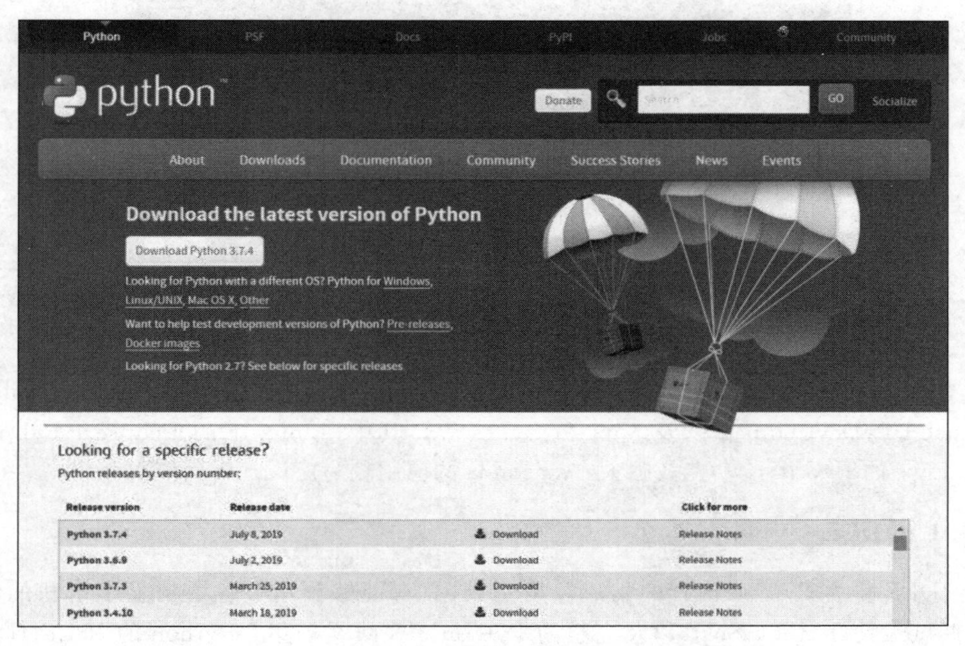

图 3.4　下载 Python3

步骤 2：在 Windows 环境变量中添加 Python，将 Python 的安装目录添加到 Windows 下的 path 变量中，如图 3.5 所示。

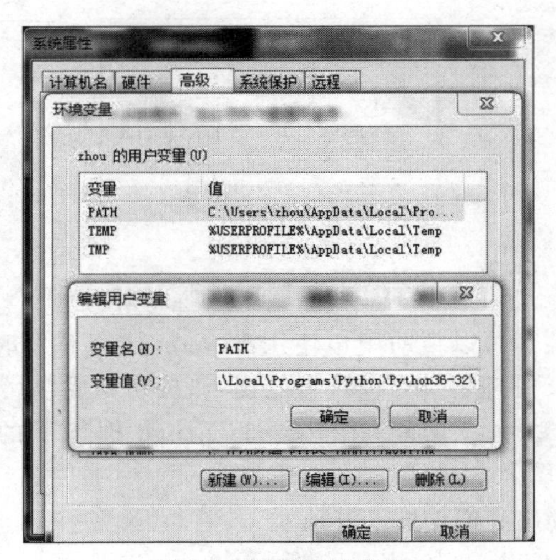

图 3.5　设置环境变量

步骤 3：测试 Python 安装是否成功

在 Windows 下使用 cmd 打开命令行，输入 Python 命令，图 3.6 表示安装成功。

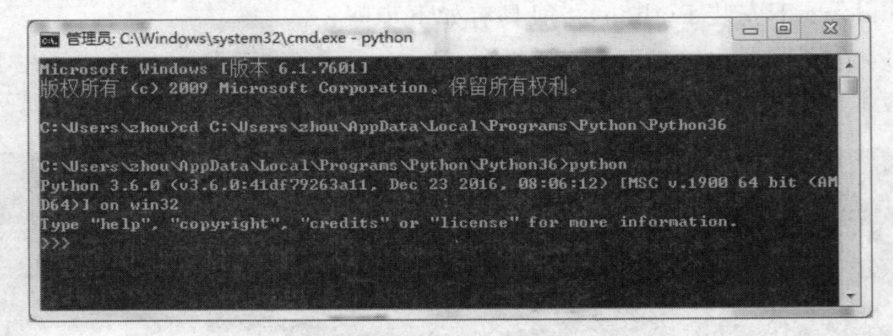

图 3.6　测试 Python 安装是否成功

3.3　Python 编辑器

Python 编辑器众多，除了 Python 自带的 IDLE 外，还有 notepad++、Sublime、Eclipse+PyDev、Ulipad 以及 Vim 和 emacs 等。其中，Linux 下的 Eclipse+PyDev 和 Windows 的 PyCharm 功能较强大，Anaconda 的应用较为广泛。下面依次介绍。

3.3.1　IDLE

IDLE 作为 Python 内置的集成开发工具，具有能够利用颜色突出显示语法的编辑器、调试工具，Python Shell 以及完整的 Python 3 在线文档集。Python 的 IDLE 具有命令行和图形用户界面两种方式，采用命令行交互式执行 Python 语句方便快捷，但必须逐条输入语句，不能重复执行，适合测试少量的 Python 代码，不适合复杂的程序设计。

在 Windows 下安装的 Python 文件如图 3.7 所示。

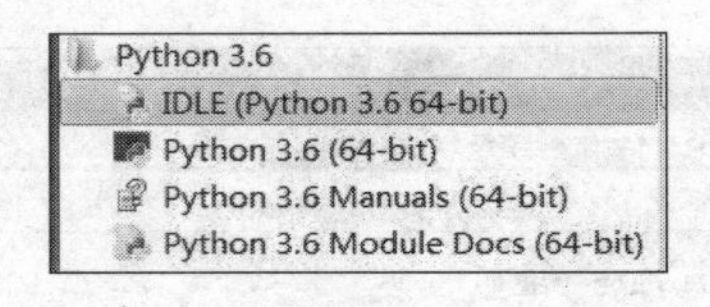

图 3.7　Python 3.6

3.3.2　PyCharm

PyCharm 具有一整套可以帮助用户使用 Python 语言开发时提高效率的工具，比如调试、语法高亮、Project 管理、代码跳转、智能提示、自动完成、单元测试、版本控制等。此外，PyCharm 提供了一些高级功能，用于支持 Django 框架下的专业 Web 开发。下载 PyCharm 双击安装，如图 3.8 所示。

单击 Next 按钮，弹出界面如图 3.9 所示。

安装结束，运行 PyCharm，如图 3.10 所示。

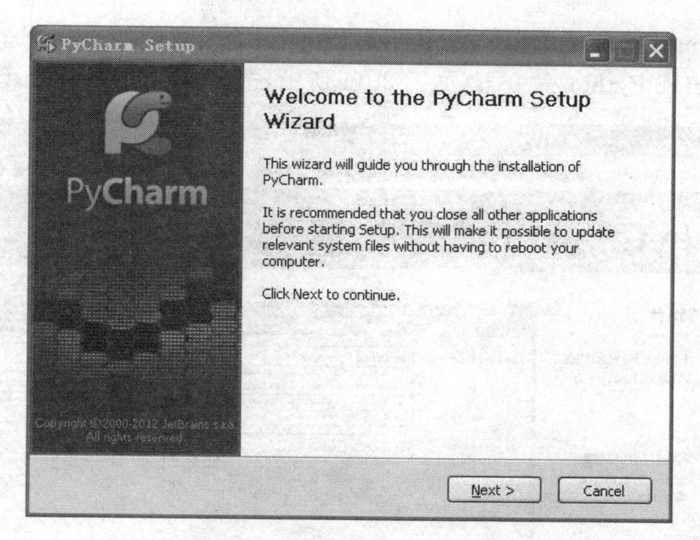

图 3.8　安装 PyCharm 步骤 1

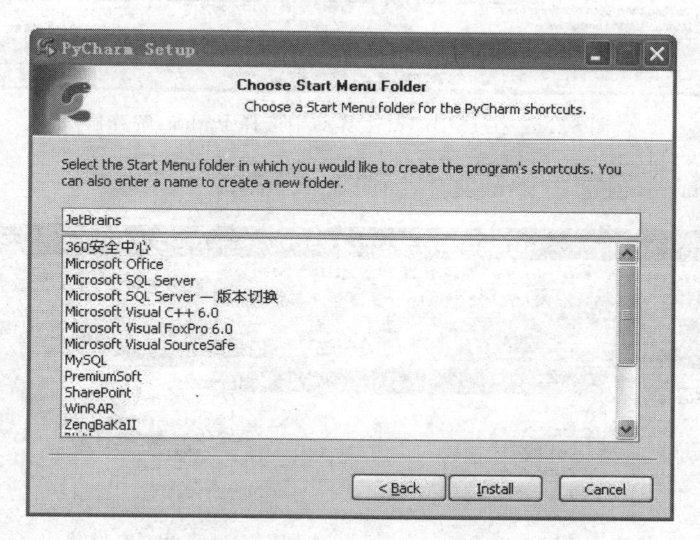

图 3.9　安装 PyCharm 步骤 2

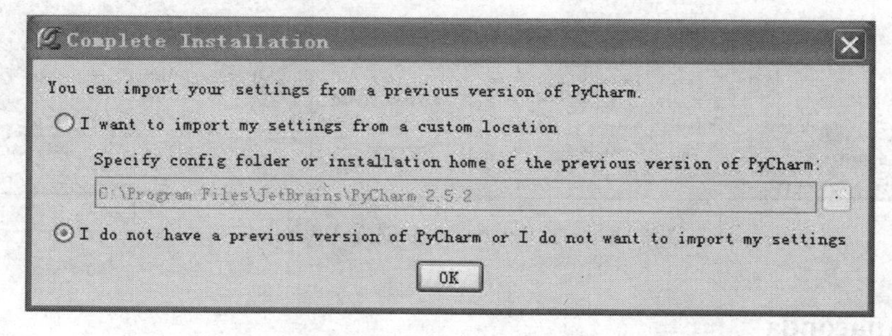

图 3.10　运行 PyCharm

在 PyCharm 主界面中单击 Create New Project，输入项目名、路径，选择 Python 解释器。如果没有出现 Python 解释器，如图 3.11 所示，选择 Python 解释器。

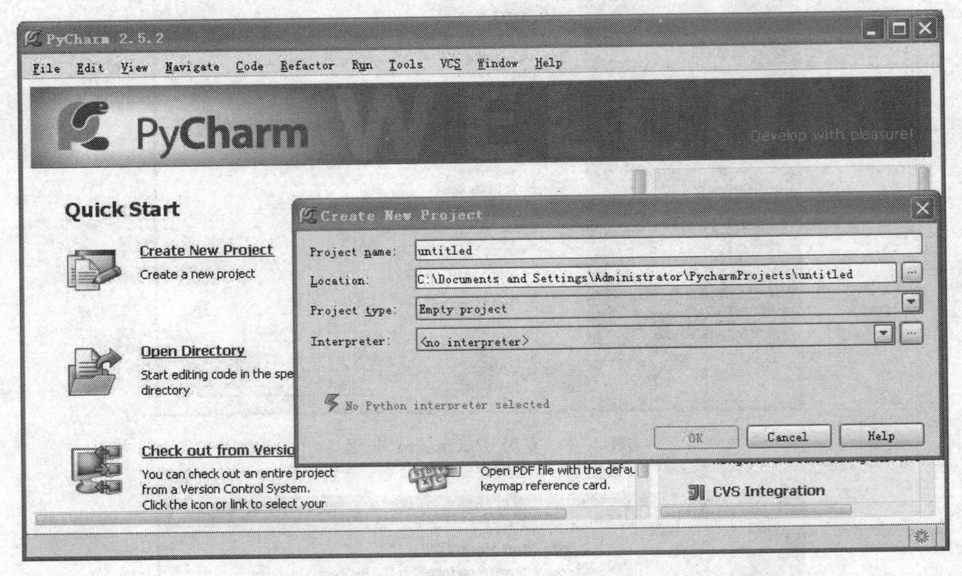

图 3.11　在 PyCharm 主界面中选择 Python 解释器

启动 PyCharm，创建 Python 文件，如图 3.12 所示。

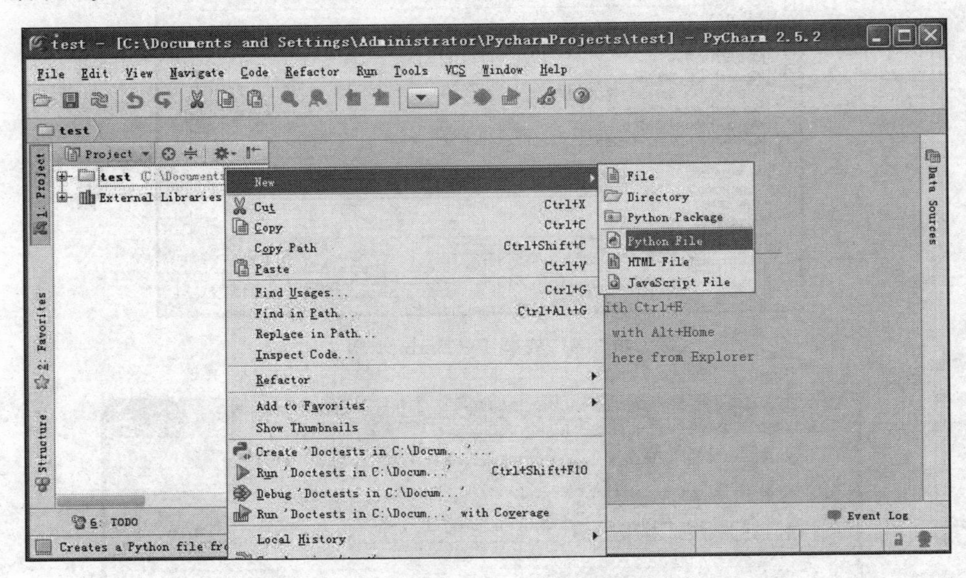

图 3.12　在 PyCharm 中创建 Python 文件

3.3.3 Anaconda

Anaconda 是一个开源的 Python 发行版本，包含了 conda、Python 等 180 多个科学包及其依赖项，涉及数据可视化、机器学习、深度学习等多方面。本书重点介绍 Anaconda，所有程序均在 Anaconda 下调试与运行。

第一，提供包管理。使用 conda 和 pip 安装、更新、卸载第三方工具包简单方便，不需要考虑版本等问题。

第二，关注于数据科学相关的工具包。Anaconda 集成了如 Numpy、Scipy、pandas 等数据分析的各类第三方包。

第三，提供虚拟环境管理。在 conda 中可以建立多个虚拟环境，为不同的 Python 版本项目建立不同的运行环境，从而解决了 Python 多版本并存的问题。

Anaconda 的安装步骤如下：

打开 Anaconda 的官网（地址 https://www.anaconda.com/download/），如图 3.13 所示。

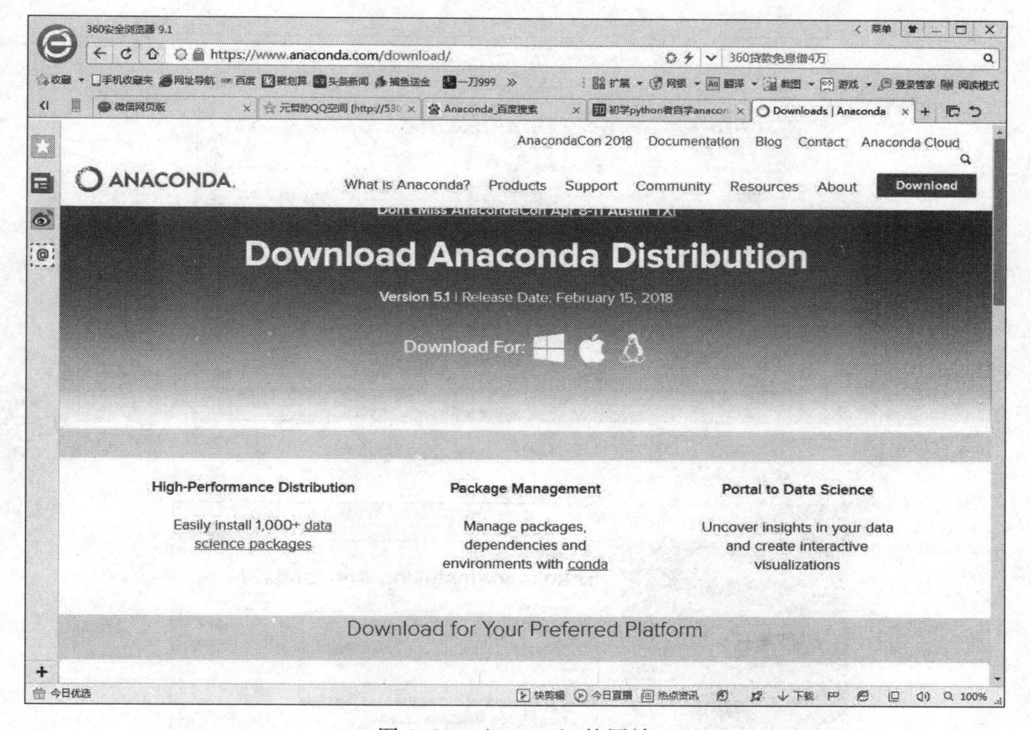

图 3.13　Anaconda 的网站

根据本机的操作系统是 32 位还是 64 位选择对应的下载版本，如图 3.14 所示。

下载 Python 3.6 version，选择本机保存目录，如图 3.15 所示。

下载 Anaconda3-5.1.0-Windows-x86_64.exe，文件大小约 500MB。

注意：如果是 Windows 10 系统，注意在安装 Anaconda 软件的时候，右击安装软件，选择以管理员的身份运行。

选择安装路径，例如 C:\anaconda3，一直单击 Next 运行结果，完成安装，如图 3.16 所示。

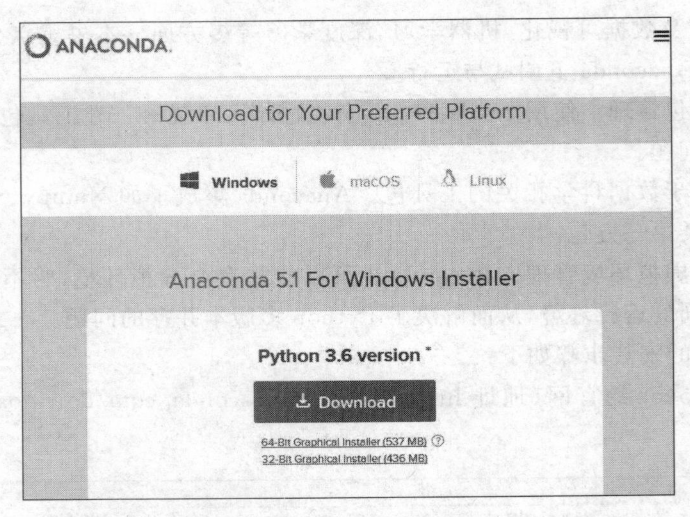

图 3.14　选择 Python 3.6 版本

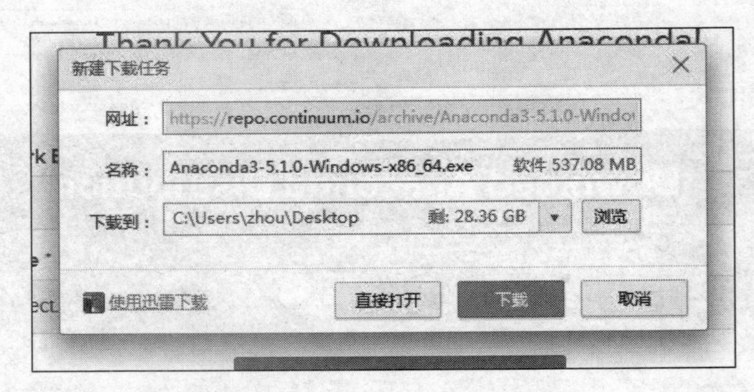

图 3.15　下载 Anaconda 文件

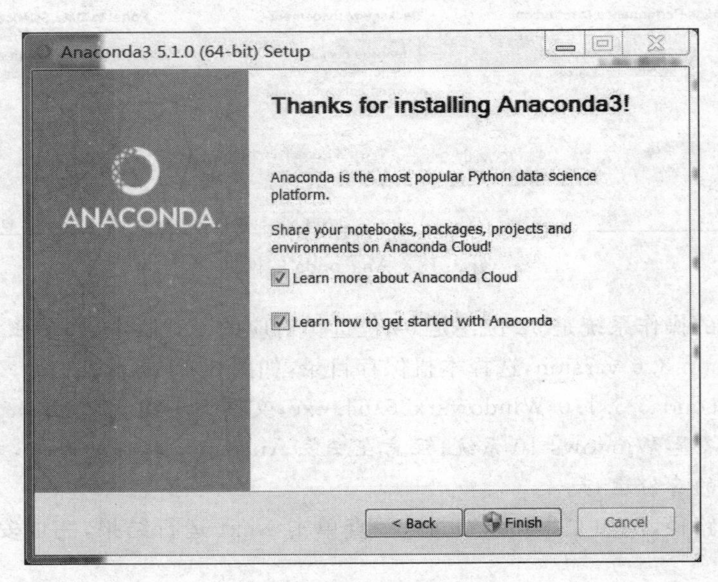

图 3.16　程序运行结果

Anaconda 包含如下应用，如图 3.17 所示。

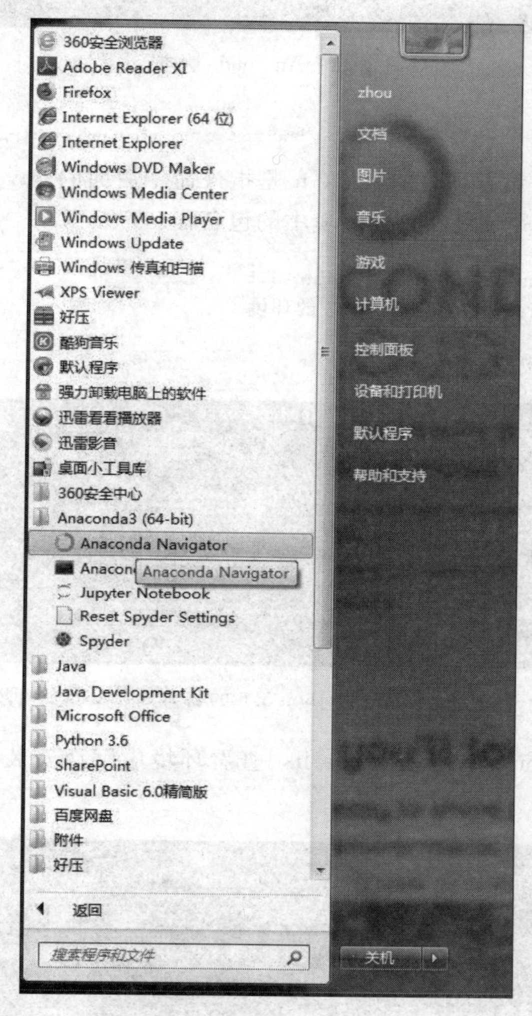

图 3.17　Anaconda 包含应用

(1) Anaconda Navigator：用于管理工具包和环境的图形用户界面，后续涉及的众多管理命令也可以在 Navigator 中手工实现。

(2) Anaconda Prompt：Python 的交互式运行环境。

(3) Jupyter Notebook：基于 Web 的交互式计算环境，可以编辑易于人们阅读的文档，展示数据分析的过程。

(4) Spyder：一个使用 Python 语言、跨平台的、科学运算的集成开发环境。相对于 Pydev、PyCharm、PTVS 等 Python 编辑器，Spyder 对内存的需求小很多。

下面进行 Anaconda 的环境变量配置。在 Anaconda Prompt 中出现类似 cmd 的窗口。输入 conda --version，运行效果如图 3.18 所示。

在 Anaconda Prompt 中输入如下命令：

```
(base) C:\Users\Administrator>conda --version
conda 4.4.10
```

图 3.18　Anaconda 版本

```
conda create -n env_name package_names
```

其中,env_name 是设置环境的名称(-n 是指该命令后面的 env_name 是创建环境的名称),package_names 是安装在创建环境中的包名称。

```
conda create --name test_py3 python=3.6
#创建基于 Python3.6 的名为 test_py3 的环境
```

运行效果如图 3.19 所示。

```
(base) C:\Users\Administrator>conda create --name test_py3 python=3.6
Solving environment: done


==> WARNING: A newer version of conda exists. <==
  current version: 4.4.10
  latest version: 4.5.2

Please update conda by running

    $ conda update -n base conda
```

图 3.19　创建基于 Python 3.6 的名为 test_py3 的环境

在 Anaconda Prompt 中使用 conda list 查看环境中默认安装的几个包,如图 3.20 所示。

```
(base) C:\Users\Administrator>conda list
# packages in environment at C:\ProgramData\Anaconda3:
#
# Name                    Version                   Build  Channel
_ipyw_jlab_nb_ext_conf    0.1.0            py36he6757f0_0
alabaster                 0.7.10           py36hcd07829_0
anaconda                  5.1.0                    py36_2
anaconda-client           1.6.9                    py36_0
anaconda-navigator        1.7.0                    py36_0
anaconda-project          0.8.2            py36hfad2e28_0
asn1crypto                0.24.0                   py36_0
astroid                   1.6.1                    py36_0
astropy                   2.0.3            py36hfa6e2cd_0
attrs                     17.4.0                   py36_0
babel                     2.5.3                    py36_0
backports                 1.0              py36h81696a8_1
backports.shutil_get_terminal_size 1.0.0      py36h79ab834_2
beautifulsoup4            4.6.0            py36hd4cc5e8_1
bitarray                  0.8.1            py36hfa6e2cd_1
bkcharts                  0.2              py36h7e685f7_0
blaze                     0.11.3           py36h8a29ca5_0
bleach                    2.1.2                    py36_0
```

图 3.20　查看环境的默认包

在 Anaconda 下,Python 的编辑和执行有交互式编程、脚本式编程和 Spyder 三种运行方式。

1. 交互式编程

交互式编程是指编辑完一行代码，回车后会立即执行并显示运行结果。在 test_py3 环境中输入 Python 命令回车后，出现>>>，进入交互式编程模式，如图 3.21 所示。

```
(test_py3) C:\Users\Administrator>python
Python 3.6.5 |Anaconda, Inc.| (default, Mar 29 2018, 13:32:41) [MSC v.1900 64 bi
t (AMD64)] on win32
Type "help", "copyright", "credits" or "license" for more information.
>>>
```

图 3.21 进入交互式编程模式

在>>>之后输入 Python 语言的各种命令。例如，输入 print('Hello world!')命令，如图 3.22 所示。

图 3.22 print()输出

2. 脚本式编程

Python 和其他脚本语言，如 java、R、Perl 等一样，可以直接在命令行里运行脚本程序。首先，在 D:\目录下创建 Hello. py 文件，内容如图 3.23 所示。

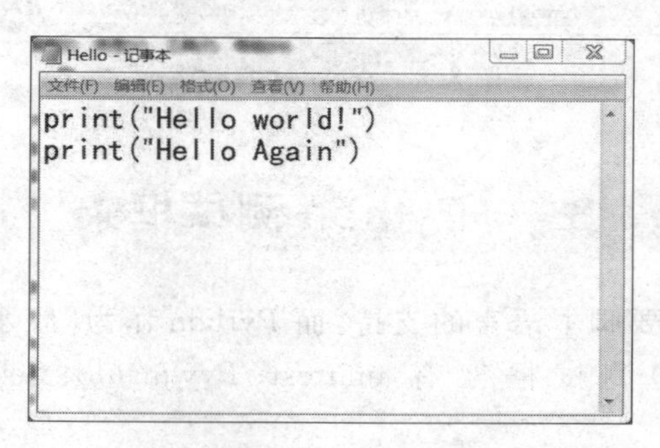

图 3.23 Hello. py 文件内容

其次，进入 test_py3 环境后输入 Python d:\Hello. py 命令，运行结果如图 3.24 所示。

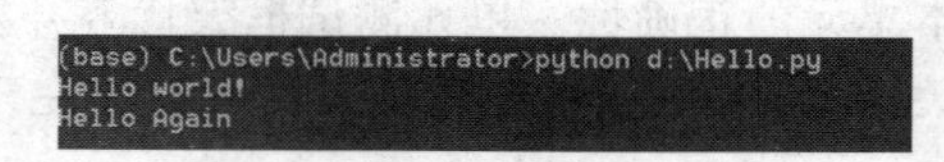

图 3.24 运行 d:\Hello. py 文件

3. Spyder

单击 Anaconda 应用中的最后一个项目——Spyder。Spyder 是 Python 的集成开发环境，如图 3.25 所示。

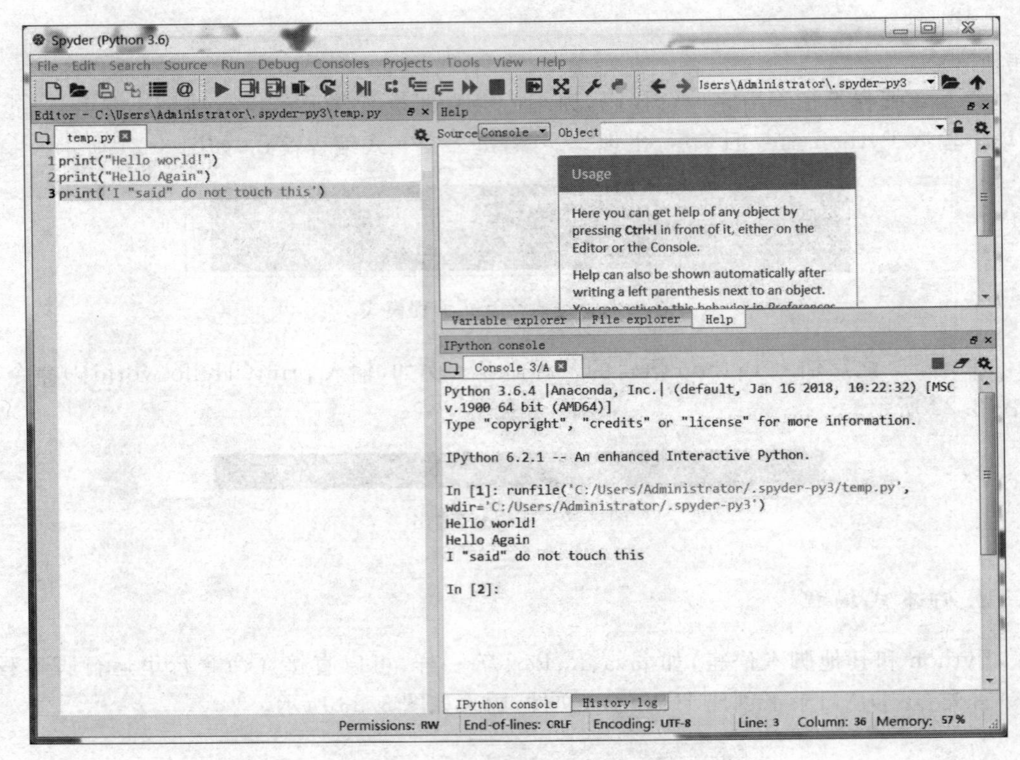

图 3.25　Spyder 编辑器

3.4　Python 测试框架

自动化测试工具需要脚本语言的支持，而 Python 作为“胶水语言”，其应用范围广泛。和 Python 相关的测试框架有 unittest、Pywinauto、Selenium、Pylot、Appium、pytest 等。

3.4.1　unittest

unittest 模块实现单元测试。单元测试是由开发人员（而不是测试人员）完成的测试，用于保证一个程序基本单元的正确性。单元测试框架代替开发人员完成了一些调用、IO 等与单元测试无直接关系的支撑代码，让开发人员可以专注于测试用例的编写，简化单元测试工作。

unittest 模块的 API 与 Java 的 JUnit、.net 的 NUnit、C++ 的 CppUnit 很相似，第 4 章进行详细介绍。

3.4.2　Pywinauto

Python 提供 Pywinauto 开源的框架进行图形用户界面（Graphical User Interface，GUI）测试，对开发环境可复用的构件进行操作的正误判断。

Pywinauto 与 QTP 测试工具的功能类似，用于测试 Windows 控件的一系列动作，如指定窗口、鼠标或键盘操作，获得控件属性等。Pywinauto 的官网是 http://pypi.python.org/pypi/pywinauto/0.4.0。

Pywinauto 的操作步骤如下所示：

步骤 1：下载 Pywinauto，网址是 https://sourceforge.net/projects/pywinauto/files/，如图 3.26 所示。

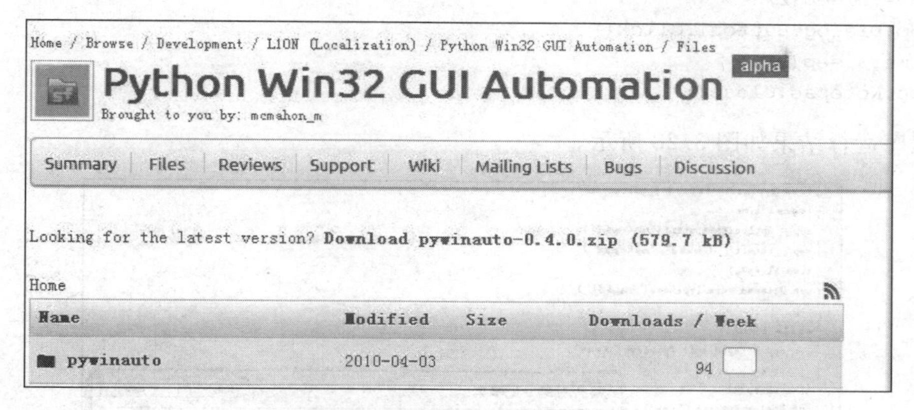

图 3.26 Pywinauto 下载网页

步骤 2：下载 pywinauto-0.4.0.zip 文件，解压缩到 C:\pywinauto-0.4.0，在 DOS 下进入 pywinauto-0.4.0 目录，执行如下安装命令：python setup.py install，如图 3.27 所示。

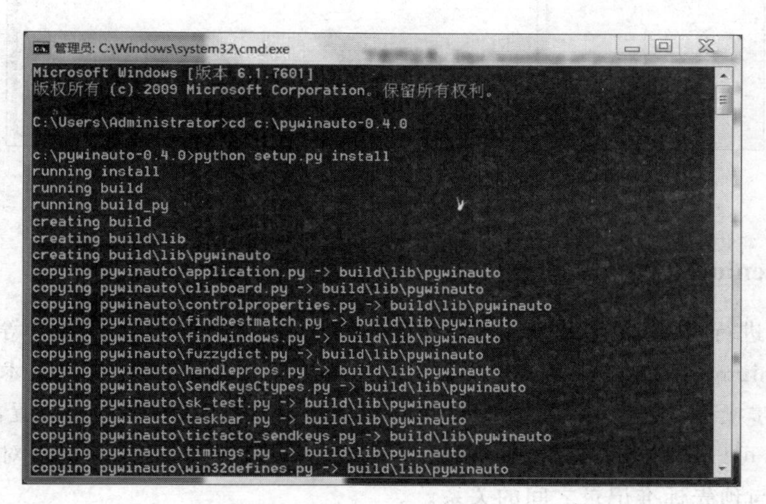

图 3.27 Pywinauto 安装界面

【例 3.1】 Pywinauto 举例。

```
from pywinauto import Application              #引入 Pywinauto 模块
import time
app=Application.start("notepad")               #调用 notepad
```

```
app.__setattr__("name","notepad")
time.sleep(2)
app.Notepad.edit.TypeKeys('hello!')
i=0
while i<=10:
    app.Notepad.edit.TypeKeys('test')
    i+=1
time.sleep(2)
app.Dialog.Button1.Click()
time.sleep(1)
app.Notepad.Close()
```

程序运行结果如图 3.28 所示。

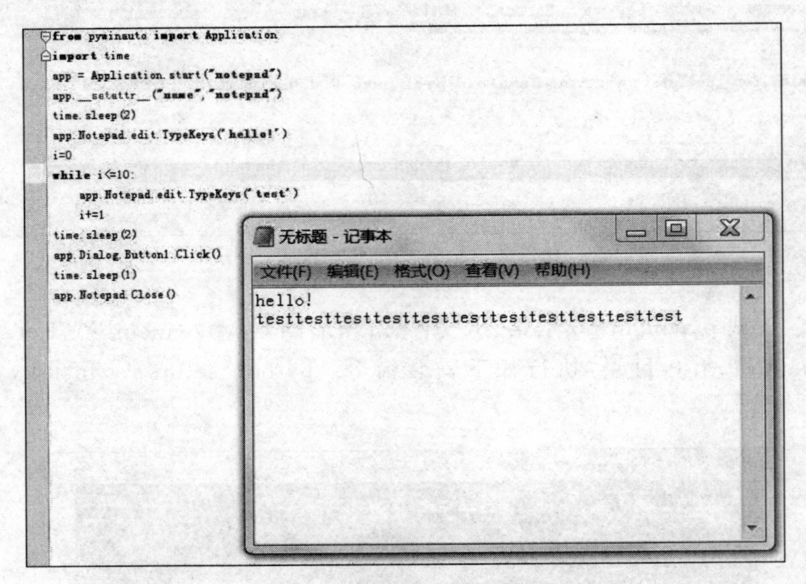

图 3.28 Pywinauto 的运行结果

3.4.3 Selenium

Python 进行 Web 自动化测试的工具有很多，如 Selenium、RF 和 twill 等。其中较常用的是 Selenium。Web 负载测试解决方案几乎都是采用“录制-回放”的技术。通过捕获用户的每一步操作，如界面的像素坐标或对象（窗口、按钮、滚动条等）的位置，以及状态或属性的变化，可以用脚本语言记录。回放时，将脚本语言转换为屏幕操作，对比被测系统的输出记录与预先标准记录之间的关系。

Selenium 在第 5 章进行详细介绍。

3.4.4 Pylot

Pylot 工具实现的压力性能测试，用于测试被测应用程序能够承受的压力，即同时能够承受的用户访问量（容量），最多支持有多少用户同时访问某个功能。

Pylot是Python编写的用以测试Web性能和扩展性的工具，进行http负载测试。Pylot下载网址为http://www.pylot.org/，如图3.29所示。

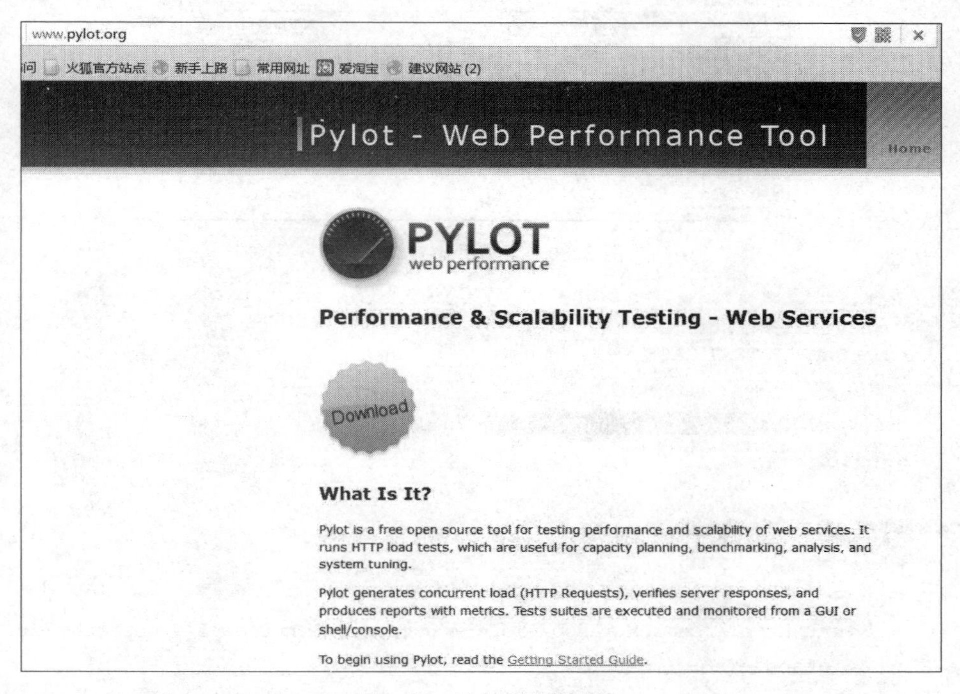

图3.29 Pylot下载网址

Pylot具有以下优点：

(1) Pylot是通过Python语言开发的第三方软件，继承了Python简洁优雅的代码风格，通俗易懂，十分容易上手。

(2) Pylot体积小，十分适合个人网站以及中小型企业网站测试网站性能。它支持http和https请求，有着多线程负载生成器，可以自动处理cookies，支持响应正则表达式，在安装了wxpython后还支持GUI模式，具有测试实时统计功能，有良好的跨平台性，支持Windows系统和Linux系统。

(3) Pylot在进行压力测试时会模拟大量主机发起并发请求，在测试过程中检验服务器的响应，测试完成后会生成关于本次测试的结果报表。使用过程中，如果配合上Numpy、Matplotlib，就可以在最后的测试报表中自动绘制图表来反映对被测试网站的测试过程。

【例3.2】 Pylot举例。

下载并解压Pylot，如图3.30所示。

Pylot测试步骤如下所示。

步骤1：配置testcases.xml。

在pylot_1.26文件夹里修改testcases.xml文件，用记事本打开，将需要测试的网页地址添加进去。

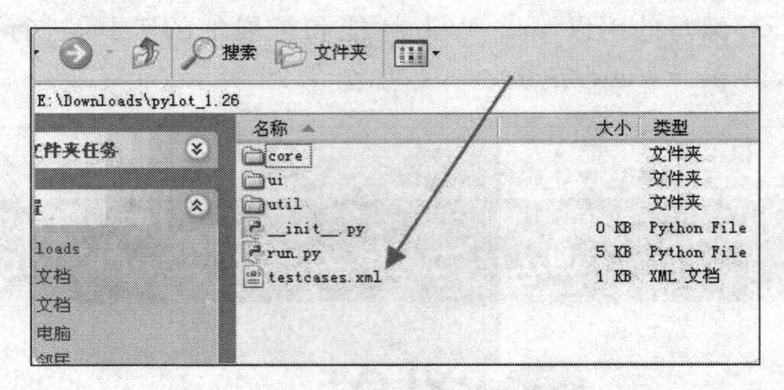

图 3.30　下载并解压 Pylot

```
<testcases>
    <!--SAMPLE TEST CASE-->
    <case>
        <url>http://www.example.com/</url>
    </case>

    <!--SAMPLE TEST CASE-->
    <!--
    <case>
        <url>http://search.yahooapis.com/WebSearchService/V1/webSearch</url>
        <method>POST</method>
        <body><![CDATA[appid=YahooDemo&query=pylot]]></body>
        <add_header>Content-type: application/x-www-form-urlencoded</add_
        header>
    </case>
    -->
</testcases>
```

在上面的代码中，把 http://www.example.com/改为需要测试的网址，然后保存文件。

步骤 2：执行测试命令。

在 Pylot 目录下执行 run.py。如并发 10 台主机，测试时间 3s，就可以执行以下命令：

```
python run.py -a 10 -d 3
```

其中 a 即 agent，代表并发的连接主机数，d 即 duration，表示测试时间，以显示测试进度。测试过程如图 3.31 所示。

在生成报表后，在 pylot_1.26 文件夹下的 result 文件夹中会有测试完成后所生成的数据图表，如图 3.32 所示。

3.4.5　Appium

Python 提供 Appium 测试框架进行移动测试(Mobile Testing)。移动测试是指对移动设备提供真机测试服务的平台，用于发现 App 中的各类隐患，如应用崩溃、各类兼容性

```
C:\pylot_1.26>python run.py -a 10 -d 3

-------------------------------------------------------------
Test parameters:
  number of agents:          10
  test duration in seconds:  3
  rampup in seconds:         0
  interval in milliseconds:  0
  test case xml:             testcases.xml
  log messages:              False


Started agent 10

All agents running...


[################100%##################]  3s/3s

Requests:  133
Errors: 0
Avg Response Time:  0.097
Avg Throughput:  43.06
Current Throughput:  02
Bytes Received:  8102271

-------------------------------------------------------------
```

图 3.31　测试过程

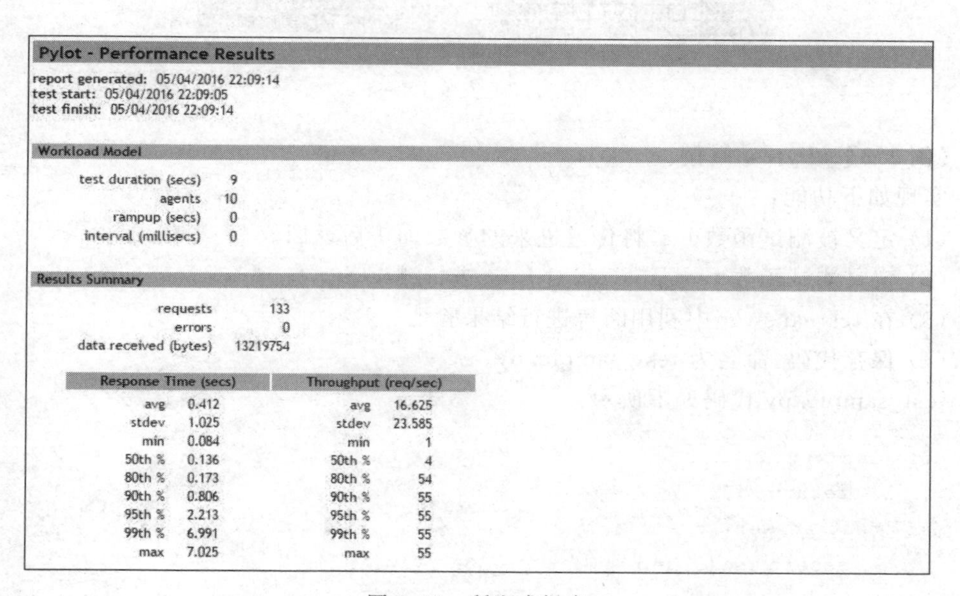

Pylot - Performance Results

report generated: 05/04/2016 22:09:14
test start: 05/04/2016 22:09:05
test finish: 05/04/2016 22:09:14

Workload Model

test duration (secs)	9
agents	10
rampup (secs)	0
interval (millisecs)	0

Results Summary

requests	133
errors	0
data received (bytes)	13219754

Response Time (secs)		Throughput (req/sec)	
avg	0.412	avg	16.625
stdev	1.025	stdev	23.585
min	0.084	min	1
50th %	0.136	50th %	4
80th %	0.173	80th %	54
90th %	0.806	90th %	55
95th %	2.213	95th %	55
99th %	6.991	99th %	55
max	7.025	max	55

图 3.32　所生成报表

问题、功能性问题、性能问题等。

Appium 测试框架在第 8 章进行详细介绍。

3.4.6　Pytest

Pytest 是 Python 最流行的单测框架之一。它与 Python 自带的 unittest 测试框架类似，提供测试用例的详细失败信息，使得开发者可以快速准确地改正问题，还兼容 unittest、doctest 和 nose 等测试工具。

Pytest 具有如下优点：

- 允许直接使用 assert 进行断言，而不需要使用 self. assert * 。
- 可以自动寻找单测文件、类和函数。
- 非常容易上手，入门简单，文档丰富，文档中有很多实例可以参考。
- 能够支持简单的单元测试和复杂的功能测试。
- 支持运行由 nose、unittest 编写的测试 case。
- 具有很多第三方插件，并且可以自定义扩展。
- 方便地和持续集成工具集成。

在 Anaconda Prompt 下使用命令 pip install - U pytest 进行安装，如图 3.33 所示。

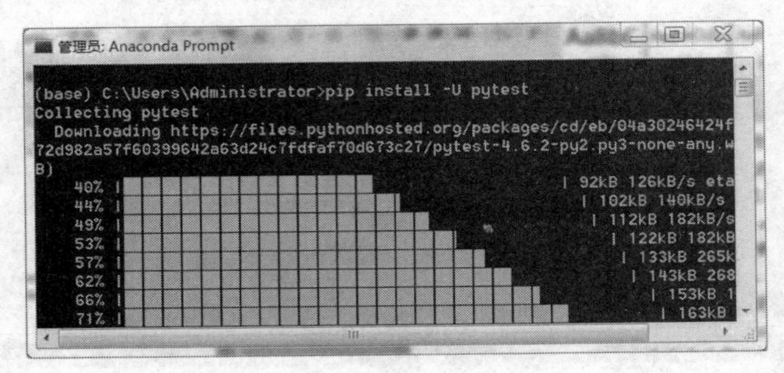

图 3.33　安装 Pytest

【例 3.3】 Pytest 举例。

实现如下功能：

(1) 定义被测试函数 inc，将传递进来的参数加 1 后返回。

(2) 定义测试函数 test_answer 对 func 进行测试。

(3) 在 test_answer 中利用断言进行结果验证。

(4) 保存代码，命名为 test_sample. py。

test_sample. py 代码如下所示：

```
def  inc(x):
        return x+1
def  test_answer():
        assert inc(3)==5
```

在命令行执行如下命令运行：

```
Pytest  test_sample.py
```

运行完成后，可以得到如图 3.34 所示结果。

```
============================== FAILURES ==============================
____________________________ test_answer _____________________________

    def  test_answer():
>           assert inc(3) == 5
E       assert 4 == 5
E        +  where 4 = inc(3)
```

图 3.34　程序运行结果

3.5 习 题

1. 程序设计语言经过了哪些阶段？

2. Python 相比其他程序设计语言有什么特点？

3. 采用 Pylot 对百度主页进行压力测试，主机数目为 10 台，持续测试时间 3 秒，将测试结果用 Numpy 和 Matplotlib 进行分析和图示化。

4. Pytest 支持哪些插件？各自有什么功能？

Python与unittest单元测试

本章重点介绍 unittest 的工作原理，unittest 注解、测试类和测试方法两种输出方式。最后，介绍了 Python 中用来解析配置文件的 ConfigParser 模块，用于输出日志的 logging 模块，以及用于将异常处理结果输出的 traceback 模块。

4.1 unittest

4.1.1 unittest 简介

Python 单元测试框架（The Python unit testing framework），简称为 PyUnit，是 Kent Beck 和 Erich Gamma 设计的 JUnit 的 Python 版本。Python 2.1 及其以后的版本都将 PyUnit 作为一个标准模块，即 Python 的 unittest 模块。unittest 是 xUnit 系列框架中的一员。该框架使用注解来识别测试方法，使用断言来判断运行结果，同时还提供测试运行机制来自动运行测试用例，将测试代码和被测代码分开，有利于代码的打包发布和测试代码的管理。

4.1.2 unittest 的工作原理

unittest 最核心的概念有：测试用例（test case）、测试套件（test suite）、测试装载器（test loader）、测试运行器（test runner）、测试用例结果类（text test result）、测试报告（test report）和测试固件（test fixture），详情如下所示：

- test case：一个 TestCase 的实例就是一个测试用例，包括完整的测试流程，如测试前准备环境的搭建（setup），执行（run）测试代码，以及测试后环境的还原（teardown）。
- test suite：多个 testcase 集合在一起，就是测试套件（testsuite），test suite 可以嵌套 test suite。
- test loader：加载 testcase 到 test suite 中，其中 loadTestsFrom__()方法用于寻找 test case，并创建它们的实例，然后添加到 test suite 中，返回 test suite 实例。
- text test result：测试用例结果类。
- test report：用于输出测试结果。

- test runner：test runner用于执行测试用例，负责对整个测试过程进行跟踪。
- test fixture：test fixture用于一个测试用例环境的搭建和销毁。

unittest的工作原理如图4.1所示，首先设计test case，由test loader加载test case到test suite，通过TextTestRunner运行test suite，将测试结果输出到TextTestResult或TestReport。

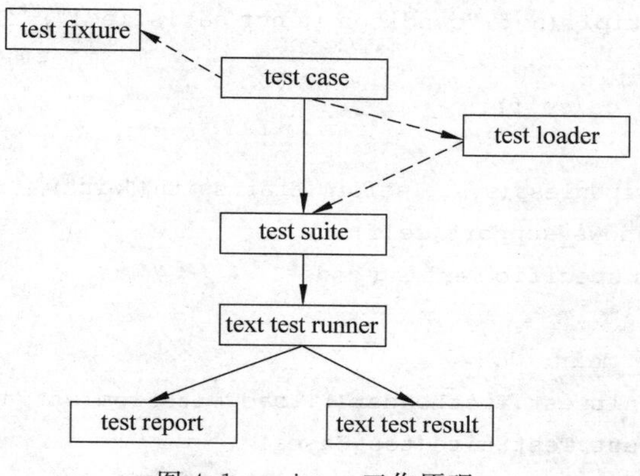

图4.1 unittest工作原理

4.2 注 解

4.2.1 注解简介

注解又名装饰器，是简化软件控制结构，提高程序自动化水平的重要方法，可以帮助用户简化软件控制结构，更清晰地表达测试程序的逻辑结构和功能。例如，当运行测试用例时，有些用例可能暂不执行等，可用装饰器暂时屏蔽该条测试用例。

unittest提供@unittest.skip、@unittest.skipIf、@unittest.skipUnless等注解方式，忽略暂时不需要执行的测试用例，如下所示：

@unittest.skip(reason)：skip(reason)装饰器：无条件跳过装饰的测试，并说明跳过测试的原因。

@unittest.skipIf(reason)：skipIf(condition,reason)装饰器：条件为真时，跳过装饰的测试，并说明跳过测试的原因。

@unittest.skipUnless(reason)：skipUnless(condition,reason)装饰器：条件为假时，跳过装饰的测试，并说明跳过测试的原因。

4.2.2 注解举例

【例4.1】 用注解忽略测试用例。

```
import unittest
import sys
import random
```

```
class MyTestCase(unittest.TestCase):
    a=1
    @unittest.skip("skipping")
    def test_nothing(self):
        self.fail("shouldn't happen")
    @unittest.skipIf(a>5,"conditon is not satisfied!")
                                                    #如果变量大于 5,忽视该方法

    def test_choice(self):
        pass
    @unittest.skipUnless(sys.platform.startswith("win"), "requires Windows")
    def test_windows_support(self):
        #windows specific testing code
        pass
if __name__=='__main__':
    testCases=unittest.TestLoader().loadTestsFromTestCase(MyTestCase)
    suite=unittest.TestSuite(testCases)
    unittest.TextTestRunner(verbosity=2).run(suite)
```

程序运行结果如下：

```
test_choice(__main__.MyTestCase) ... ok
test_nothing (__main__.MyTestCase) ... skipped 'skipping'
test_windows_support (__main__.MyTestCase) ... ok

----------------------------------------------------------------------
Ran 3 tests in 0.000s

OK (skipped=1)
```

4.3 测试类和测试方法

测试类的命名采用“待测类名＋Test”的方法；待测方法对应测试用例的命名应当采用“test＋待测方法名”的模式，其中待测方法名的首字母应大写。

unittest 的操作步骤如下所示：

步骤 1：导入 unittest 库。

步骤 2：定义一个继承自 unittest. TestCase 的测试用例类。

步骤 3：定义 setup 和 teardown。其中，setup 在每个测试用例执行之前被调用，通常用于初始化测试用例所需的资源。teardown 在每个测试用例执行后被调用，用于对资源进行释放和回收。

步骤 4：定义测试用例，所有需要被执行的测试方法都必须以 test 开头。

步骤 5：调用 assertEqual、assertRaises 等断言方法判断程序执行结果和预期值是否相符。

步骤6：调用 unittest.main()启动测试。

4.3.1 Assert

unittest 框架通过 Assert 类提供一系列断言方法，帮助测试者判断程序的运行结果。一般情况下，断言方法的参数包括期望变量和实际变量两部分。运行断言语句时，若期望变量和实际变量相等，则表明程序运行结果与期望相符；否则表明程序运行结果与期望结果相异，测试用例运行失败。Assert 类中主要的断言方法如表 4.1 所示。

表 4.1 Assert 类的常用断言方法

方　　法	含　　义
assertEqual(a,b)	断言第一个参数和第二个参数是否相等，如果不相等，则测试失败
assertNotEqual(a,b)	断言第一个参数与第二个参数是否不相等，如果相等，则测试失败
assertTrue(x)	测试表达式是 true
assertFalse(x)	测试表达式是 false
assertIs(a,b)	断言第一个参数和第二个参数是同一个对象
assertIsNot(a,b)	断言第一个参数和第二个参数不是同一个对象
assertIsNone(x)	断言表达式是 None 对象
assertIsNotNone(x)	断言表达式不是 None 对象
assertIn(a,b,[msg='测试失败时打印的信息'])	断言 a 是否在 b 中，在 b 中则测试用例通过
assertNotIn(a,b,[msg='测试失败时打印的信息'])	断言 a 是否在 b 中，不在 b 中则测试用例通过

【例 4.2】 测试举例。

```
import unittest
class Person:                                    #将要被测试的类
    def age(self):
        return 34
    def name(self):
        return 'bob'

class PersonTestCase(unittest.TestCase):  #测试用例类继承于 unittest.TestCase
    def setUp(self):
        self.man=Person()
        print('set up now')
    def test1(self):                             #测试用例
        self.assertEqual(self.man.age(), 34)     #测试方法 assertEqual)
    def test2(self):
        self.assertEqual(self.man.name(), 'bob')
    def test3(self):
```

```
        self.assertEqual(223,23)

if __name__=='__main__':
    unittest.main(verbosity=1)
```

程序运行结果如下：

```
======RESTART: C:/Users/Administrator/Desktop/test_example.py======
set up now
.set up now
.set up now
F
=================================================================
FAIL: test3 (__main__.PersonTestCase)
-----------------------------------------------------------------
Traceback (most recent call last):
  File "C:/Users/Administrator/Desktop/test_example.py", line 17, in test3
    self.assertEqual(223,23)
AssertionError: 223 !=23

-----------------------------------------------------------------
Ran 3 tests in 0.021s

FAILED(failures=1)
```

【解析】 说明如下：

(1) 每一个用例执行的结果标识，成功是.，失败是 F，出错是 E，跳过是 S。

(2) 所有以 test 开头的函数当作单元测试运行，忽略不带 test 的函数。

(3) 提供不同类型的“断言”语句，判断测试的成功或失败。

(4) 在 unittest.main()中加 verbosity 参数可以控制输出的错误报告的详细程度，默认是 1。当 Verbosity＝ 0，则不输出每一用例的执行结果，如下所示：

```
====RESTART: C:/Users/Administrator/Desktop/test_example.py====
set up now
set up now
set up now
=================================================================
FAIL: test3 (__main__.PersonTestCase)
-----------------------------------------------------------------
Traceback (most recent call last):
  File "C:/Users/Administrator/Desktop/test_example.py", line 17, in test3
    self.assertEqual(223,23)
AssertionError: 223 !=23

-----------------------------------------------------------------
```

```
Ran 3 tests in 0.019s

FAILED (failures=1)
```

当 Verbosity= 2,则输出详细的执行结果,如下所示:

```
====RESTART: C:/Users/Administrator/Desktop/test_example.py====
test1 (__main__.PersonTestCase) ... set up now
ok
test2 (__main__.PersonTestCase) ... set up now
ok
test3 (__main__.PersonTestCase) ... set up now
FAIL
==========================================================
FAIL: test3 (__main__.PersonTestCase)
----------------------------------------------------------
Traceback (most recent call last):
  File "C:/Users/Administrator/Desktop/test_example.py", line 17, in test3
    self.assertEqual(223,23)
AssertionError: 223 !=23
----------------------------------------------------------
Ran 3 tests in 0.039s

FAILED (failures=1)
```

4.3.2 TestCase

TestCase类是unittest框架中的核心类,可以直接使用Assert类的相关方法。在单元测试时,测试类直接或间接继承于TestCase类。

【例4.3】 TestCase举例。

Mathfunc.py的内容如下:

```
class mathfunc:
    def add(a, b):
        return a+b
    def minus(a, b):
        return a-b
    def multi(a, b):
        return a*b
    def divide(a, b):
        return a/b
```

TestMathFunc.py的内容如下:

```
#-*-coding: utf-8 -*-
import unittest
```

```
from mathfunc import *

class TestMathFunc(unittest.TestCase):
    def setUp(self):
        print("do something before test.Prepare environment.")
        self.num=mathfunc()
    def tearDown(self):
        print("do something after test.Clean up.")
    def test_add(self):
        print("add")
        self.assertEqual(3, self.num.add(1, 2))
        self.assertNotEqual(3, self.num.add(2, 2))
    def test_minus(self):
        print("minus")
        self.assertEqual(1, self.num.minus(3, 2))
    def test_multi(self):
        print("multi")
        self.assertEqual(6, self.num.multi(2, 3))
    def test_divide(self):
        print("divide")
        self.assertEqual(2, self.num.divide(6, 3))
        self.assertEqual(2.5, self.num.divide(5, 2))

if __name__=='__main__':
unittest.main(verbosity=2)
```

程序运行结果如下：

```
=====RESTART: C:/Users/Administrator/Desktop/test_mathfunc.py=====
test_add (__main__.TestMathFunc) ... do something before test.Prepare
environment.
add
do something after test.Clean up.
ok
test_divide(__main__.TestMathFunc) ... do something before test.Prepare
environment.
divide
do something after test.Clean up.
ok
test_minus (__main__.TestMathFunc) ... do something before test.Prepare
environment.
minus
do something after test.Clean up.
ok
test_multi (__main__.TestMathFunc) ... do something before test.Prepare
```

```
environment.
multi
do something after test.Clean up.
ok

----------------------------------------------------------------------
Ran 4 tests in 0.131s

OK
```

4.3.3 TestSuite

TestSuite 用于组织多个测试用例，控制测试用例的执行顺序。

【例 4.4】 TestSuite 举例。

方法 1：直接使用 addTests()方法添加 TestCase 列表，可以确定 case 的执行顺序。

```
suite=unittest.TestSuite()
    tests=[TestMathFunc("test_add"),TestMathFunc("test_minus"),
    TestMathFunc("test_divide")]
    suite.addTests(tests)

    runner=unittest.TextTestRunner(verbosity=2)
    runner.run(suite)
```

程序运行结果如下：

```
======RESTART: C:/Users/Administrator/Desktop/test_suite.py======
test_add (test_mathfunc.TestMathFunc) ... ok
test_minus (test_mathfunc.TestMathFunc) ... ok
test_divide(test_mathfunc.TestMathFunc) ... ok

----------------------------------------------------------------------
Ran 3 tests in 0.064s

OK
```

【解析】 通过 TestSuite 的 addTests()方法传入 TestCase 列表，按照顺序依次执行。

方法 2：直接使用 addTest()方法添加单个 TestCase。

```
suite=unittest.TestSuite()
   suite.addTest(TestMathFunc("test_add"))

   runner=unittest.TextTestRunner(verbosity=2)
   runner.run(suite)
```

4.4 两种输出方式

unittest 测试执行结果默认输出到控制台，这样导致无法查看之前的执行记录。而 TextTestRunner 和 HTMLTestRunner 可以实现不同的输出效果。

4.4.1 TextTestRunner

TextTestRunner 可以将测试结果输出到文本文件中。

【例 4.5】 将结果输出到 txt 文件。

修改例 4.3 中的 test_suite.py 代码，如下所示：

```
#-*-coding: utf-8 -*-
import unittest
from test_mathfunc import TestMathFunc

if __name__=='__main__':
    suite=unittest.TestSuite()
    suite.addTests(unittest.TestLoader().loadTestsFromTestCase(TestMathFunc))

    with open('UnittestTextReport.txt', 'a') as f:
        runner=unittest.TextTestRunner(stream=f, verbosity=2)
        runner.run(suite)
```

程序运行结果如下：

在同目录下生成了 UnittestTextReport.txt 文档，测试执行报告以 txt 格式保存下来。

4.4.2 HTMLTestRunner

TextTestResult 文本格式的报告过于简陋，HTMLTestRunner 是 unittest 单元测试框架的一个扩展，主要用于生成 HTML 测试报告。

在网站 http://tungwaiyip.info/software/HTMLTestRunner.html 下载 HTMLTestRunner.py 文件，如图 4.2 所示。

将 HTMLTestRunner.py(0.8.2) 保存为 HTMLTestRunner.py 文件。对 HTMLTestRunner.py文件进行如下修改：

- 将 import StringIO 修改成 import io。
- 将 self.outputBuffer＝StringIO.StringIO()修改成 self.outputBuffer＝io.StringIO()。
- 将 if not rmap.has_key(cls)：修改成 if not cls in rmap：。
- 将 uo＝o.decode('latin-1')修改成 uo＝e。
- 将 ue＝e.decode('latin-1')修改成 ue＝e。
- 将 print>>sys.stderr,'\nTime Elapsed：%s' %(self.stopTime-self.startTime)修改成 print(sys.stderr,'\nTime Elapsed：%s' %(self.stopTime-self.startTime))。

HTMLTestRunner

HTMLTestRunner is an extension to the Python standard library's unittest module. It generates easy to use HTML test reports. See a sample report here. HTMLTestRunner is released under a BSD style license.

14 comments

Download

HTMLTestRunner.py (0.8.2)

test_HTMLTestRunner.py test and demo of HTMLTestRunner.py

图 4.2　下载 HTMLTestRunner.py 的网页

- 将 self.stream.write(output.encode('utf8'))修改成 self.stream.write(output)。

【例 4.6】 HTMLTestRunner 模板实例。

修改例 4.3TestSuite 的文件，代码如下：

```
#-*-coding: utf-8 -*-
import unittest        #实现测试断言
from test_mathfunc import TestMathFunc
from HTMLTestRunner import HTMLTestRunner    #完成测试报告


if __name__=='__main__':
    suite=unittest.TestSuite()
    suite.addTests(unittest.TestLoader().loadTestsFromTestCase(TestMathFunc))
    with open('HTMLReport.html', 'w') as f:
        runner=HTMLTestRunner(stream=f,
                              title='MathFunc Test Report',
                              description='generated by HTMLTestRunner.',
                              verbosity=2
                              )
        runner.run(suite)
```

程序运行结果如下：

```
======RESTART: C:\Users\Administrator\Desktop\test_suite.py======
ok test_add (test_mathfunc.TestMathFunc)
ok test_divide(test_mathfunc.TestMathFunc)
ok test_minus (test_mathfunc.TestMathFunc)
ok test_multi (test_mathfunc.TestMathFunc)
<idlelib.run.PseudoOutputFile object at 0x0000000002B42710>
Time Elapsed: 0:00:00.082005
```

在同一目录下产生 HTMLReport.html 的测试报告，如图 4.3 所示。

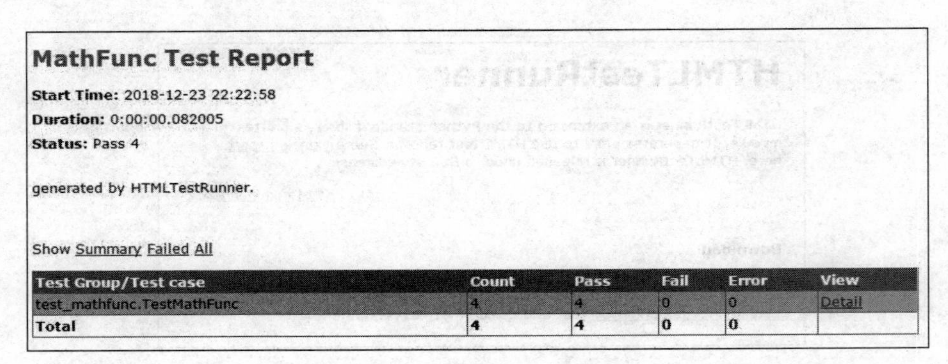

图 4.3　程序运行结果

4.5　unittest 与爬虫

4.5.1　Python 爬虫库

Python3 提供了 urllib 库，执行各种 HTTP 请求，其官方文档链接为 https://docs.python.org/3/library/urllib.html。

urllib 具备以下模块：

- urllib.request：用来打开和读取 URLs。
- urllib.error：对于 urllib.request 产生的错误，使用 try 进行捕捉处理。
- urllib.parse：用于解析 URLs 的方法。
- urllib.robotparser：用于测试爬虫是否可以下载一个页面。

在 Anaconda Prompt 下使用如下命令，安装 Python 爬虫库 requests，如图 4.4 所示。

```
pip install requests
```

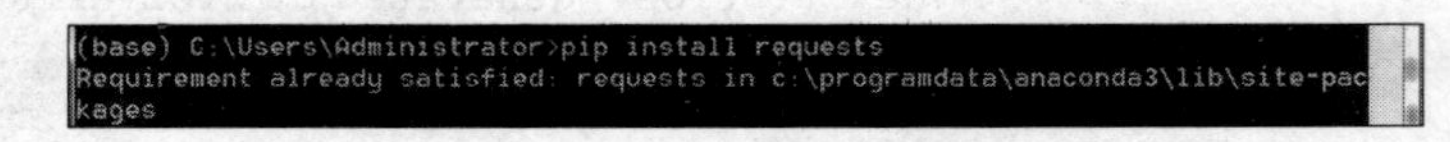

图 4-4　安装 requests 库

requests 支持以下各种方法，如表 4.2 所示。

表 4.2　requests 库的主要方法

方　　法	解　　释
requests.get()	获取 HTML 的主要方法
requests.head()	获取 HTML 头部信息的主要方法
requests.post()	向 HTML 网页提交 post 请求的方法
requests.put()	向 HTML 网页提交 put 请求的方法
requests.patch()	向 HTML 提交局部修改的请求
requests.delete()	向 HTML 提交删除请求

BeautifulSoup 提供函数处理网页的导航、搜索、修改分析树等功能，用于解析文档。

在 Anaconda Prompt 下使用如下命令安装 Python 第三方爬虫库 beautifulsoup4，如图 4.5 所示。

```
pipinstallbeautifulsoup4
```

```
(base) C:\Users\Administrator>pip install beautifulsoup4
Requirement already satisfied: beautifulsoup4 in c:\programdata\anaconda3\lib\si
te-packages
You are using pip version 9.0.3, however version 10.0.0 is available.
You should consider upgrading via the 'python -m pip install --upgrade pip' comm
and.
```

图 4.5　安装 BeautifulSoup 库

lxml 是 BeautifulSoup 库的解析器。在 Anaconda Prompt 下使用如下命令安装 lxml，如图 4.6 所示。

```
pip install lxml
```

```
(base) C:\Users\Administrator>pip install lxml
Requirement already satisfied: lxml in c:\programdata\anaconda3\lib\site-package
s
You are using pip version 9.0.3, however version 10.0.0 is available.
You should consider upgrading via the 'python -m pip install --upgrade pip' comm
and.
```

图 4.6　安装 lxml 库

BeautifulSoup 的基本元素如表 4.3 所示。

表 4.3　BeautifulSoup 的基本元素

基本元素	说　明
Tag	标签，最基本的信息组织单元，分别用<>和</>标明开头和结尾
Name	标签的名字，<p>…</p>的名字是'p'，格式为<tag>.name
Attributes	标签的属性，以字典形式组织，格式为<tag>.attrs
NavigableString	标签内非属性字符串，<>…</>中字符串，格式为<tag>.string
Comment	标签内字符串的注释部分，一种特殊的 Comment 类型

(1) Tag 元素。

使用方式：

```
soup.<tag>
```

Tag 指 HTML 中的标签，如 title、head、p 等，如图 4.7 所示。

```
>>> print(soup.title)
<title>The Dormouse's story</title>
>>> print(soup.head)
None
>>> print(soup.p)
<p>html = """
</p>
```

图 4.7　Tag 标签

（2）Name 元素。

使用方式：

```
<tag>.name
```

其中，soup 对象本身比较特殊，其 name 为[document]。对于其他内部标签，输出标签的名称，如图 4.8 所示。

```
>>> print(soup.name)
[document]
>>> print(soup.title.name)
title
```

图 4.8　name 元素

（3）Attributes 元素。

使用方式：

```
<tag>.attrs
```

例如，输出标签 a 的所有属性，得到的类型是一个字典，如图 4.9 所示。

```
>>> print(soup.a.attrs)
{'href': 'http://example.com/elsie', 'class': ['sister'], 'id': 'link1'}
```

图 4.9　Attributes 元素

（4）NavigableString 元素。

使用方式：

```
<tag>.string
```

例如，获取标签 b 内部的文字，如图 4.10 所示。

```
>>> print(soup.b.string)
The Dormouse's story
>>> print(type(soup.b.string))
<class 'bs4.element.NavigableString'>
```

图 4.10　NavigableString 元素

【例 4.7】　BeautifulSoup 举例。

采用 requests 库抓取的 http://www.meijutt.com/new100.html 网页输出的代码内容很多，为了方便找到抓取数据，可以采用 Chrome 浏览器的“开发者工具”打开 URL，按 F12 键，再按 Ctrl+Shift+C 键，单击所要抓取的内容，例如“剧集频道”，如图 4.11 所示，浏览器就在 HTML 文件中找到其对应位置，如图 4.12 所示。

采用 BeautifulSoup 库提取数据，代码如下：

```
from urllib.request import urlopen
from bs4 import BeautifulSoup      #导入 BeautifulSoup 对象
html=urlopen('http://www.meijutt.com/new100.html')   #打开 URL,获取 HTML 内容
bs_obj=BeautifulSoup(html.read(),'html.parser')
                                  #把 HTML 内容传到 BeautifulSoup 对象
```

```
text_list=bs_obj.find_all("a","navmore")     #找到"class=navmore"的 a 标签
for text in text_list:
    print(text.get_text())                   #打印标签的文本
html.close()                                 #关闭文件
```

图 4.11　网页

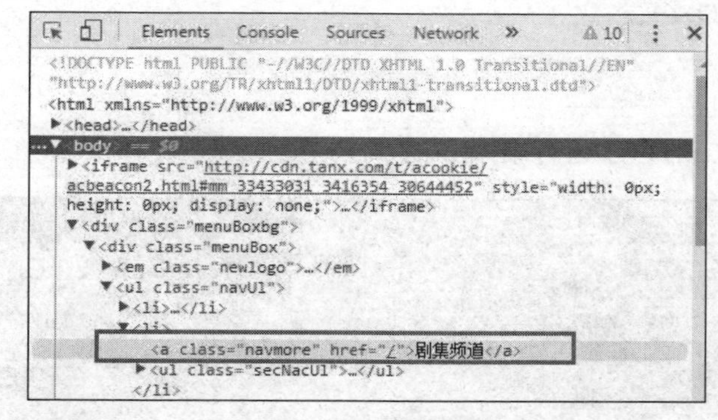

图 4.12　网页对应代码

4.5.2　举例

【例 4.8】 将 unittest 库与网络爬虫组合起来，实现网站前端功能测试，代码如下所示。

```
from bs4 import BeautifulSoup
import requests
from time import sleep
import unittest

class TestWikipedia(unittest.TestCase):
    soup=None
    def setUp(self):
        global soup
```

```
            url="https://baike.baidu.com/item/Monty%20Python"
            header={"User-Agent": "Mozilla/5.0 (Windows NT 10.0; Win64; x64)
            AppleWebKit/537.36(KHTML, like Gecko)Chrome/71.0.3578.98 Safari/537.36",
            "Host": "baike.baidu.com"}
            r=requests.get(url, headers=header)
            soup=BeautifulSoup(r.text, "lxml")
            sleep(3)

        def test_titleText(self):
            global soup
            pageTitle=soup.find("h1").getText()
            self.assertEqual("Monty Python", pageTitle)
            sleep(3)

        def test_contentExists(self):
            global soup
            content=soup.find("div", {"id": "layer"})
            self.assertIsNotNone(content)
            sleep(3)

    if __name__=='__main__':
```

unittest.main()的程序运行结果如图 4.13 所示。

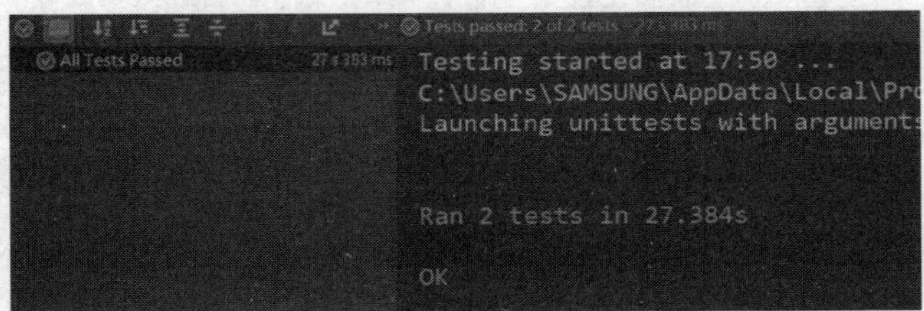

图 4.13　程序运行结果

这里有两个测试：第一个是测试页面的标题是否为 Monty Python，另一个是测试页面是否有一个 div 节点的 id 属性是 layer。

4.6　ConfigParser

4.6.1　ConfigParser 简介

ConfigParser 是 Python 标准库中用来解析配置文件的模块，文件的格式与 Windows 下的 ini 配置文件相似。包含一个或多个节（section），每个节可以有多个参数（键＝值）。文件的格式如下：中括号[]内包含的为 section。section 下面为类似 key-value 的配置内容。

在d:\盘下创建configTest.ini文件，内容如下：

```
[mysql]
db_host=127.0.0.1
db_port=3306
db_user=root
db_pass=password
[个人信息]
name=zhouyuanzhe
age=42
tel=13300000000
```

4.6.2 ConfigParser常用方法

1. 获取所用的section节点

ConfigParser模块使用read方法获取所用的section节点程序，程序如下所示：

```
import configparser
config=configparser.ConfigParser()
config.read("d:\configTest.ini")
print(config.sections())
```

程序运行结果如下所示：

```
['mysql', 'personal information']
```

2. 获取指定section的options

ConfigParser模块将配置文件某个section内的key读取到列表中，程序如下所示：

```
import configparser
config=configparser.ConfigParser()
config.read("d:\configTest.ini")
r=config.options("mysql")
print(r)
```

程序运行结果如下所示：

```
['db_host', 'db_port', 'db_user', 'db_pass']
```

3. 获取指定section下指定option的值

ConfigParser模块将读出配置文件某个section内的某个key对应的value，程序如下所示：

```
import configparser
config=configparser.ConfigParser()
```

```
config.read("d:\configTest.ini")
r=config.get("mysql", "db_host")
print(r)
```

程序运行结果如下所示：

```
127.0.0.1
```

4. 获取指定 section 的所用配置信息

ConfigParser 模块将读出配置文件某个 section 内的所有键值对，程序如下所示：

```
import configparser
config=configparser.ConfigParser()
config.read("d:\configTest.ini")
r=config.items("mysql")
print(r)
```

程序运行结果如下所示：

```
[('db_host', '127.0.0.1'), ('db_port', '3306'), ('db_user', 'root'), ('db_pass
', 'password')]
```

5. 修改某个 option 的值

ConfigParser 模块修改某个 option 的值，如果不存在，则会创建该 option，程序如下所示：

```
import configparser
config=configparser.ConfigParser()
config.read("d:\configTest.ini")
config.set("mysql", "db_MaxConnections", "100")
config.write(open("d:\configTest.ini", "w"))
r=config.items("mysql")
print(r)
```

程序运行结果如下所示：

```
[('db_host', '127.0.0.1'), ('db_port', '3306'), ('db_user', 'root'), ('db_pass
', 'password'), ('db_maxconnections', '100')]
```

6. 检查 section 或 option 是否存在

ConfigParser 模块检查 section 或 option 是否存在，返回布尔值，程序如下所示：

```
import configparser
config=configparser.ConfigParser()
config.read("d:\configTest.ini")
```

```
a=config.has_section("personal information")
print(a)
b=config.has_option("personal information", "address")
print(b)
```

程序运行结果如下所示：

```
True
False
```

7. 添加 section 和 option

在 ConfigParser 模块添加 section 或 option，程序如下所示：

```
import configparser
config=configparser.ConfigParser()
config.read("d:\configTest.ini")
if not config.has_section("Grade"):
    config.add_section("Grade")
if not config.has_option("Grade", "English"):
    config.set("Grade", "English", "93")
config.write(open("d:\configTest.ini", "w"))
print(config.items("Grade"))
```

程序运行结果如下所示：

```
[('english','93')]
```

8. 删除 section 和 option

在 ConfigParser 模块删除 section 或 option，程序如下所示：

```
import configparser
config=configparser.ConfigParser()
config.read("d:\configTest.ini")
config.remove_section("Grade")
config.write(open("d:\configTest.ini","w"))
print(config.sections())
```

程序运行结果如下所示：

```
['mysql','personal information']
```

【例 4.9】 类 ConfigParser 举例。

在实际使用中，会对 ConfigParse 进行封装，方便调用，如下所示：

```
import configparser


class ConfigParser():
```

```
    config_dic={}
    @classmethod
    def get_config(cls, sector, item):
        value=None
        try:
            value=cls.config_dic[sector][item]
        except KeyError:
            cf=configparser.ConfigParser()
            cf.read('d:\configTest.ini', encoding='utf8')
            value=cf.get(sector, item)
            cls.config_dic=value
        finally:
            return value

if __name__=='__main__':
    con=ConfigParser()
    res=con.get_config('mysql', 'db_user')
print(res)
```

程序运行结果如下所示：

```
root
```

4.7　logging

4.7.1　logging 简介

logging 是 Python 内置的标准模块，主要用于输出日志。相比 print 方法，具备如下优点：

(1) 通过设置不同的日志等级，可以在 release 版本中只输出重要信息，而不必显示大量的调试信息。

(2) print 方法会输出所有信息，从而影响开发者查看其他数据。而 logging 模块可以由开发者决定将信息输出到什么地方，以及怎么输出灵活方便。

4.7.2　logging 常用方法

1. 配置 logging 基本设置，在控制台输出日志

程序如下所示：

```
import logging
logging.basicConfig(level=logging.INFO,format='%(asctime)s-%(name)s-
%(levelname)s-%(message)s')
logger=logging.getLogger(__name__)
```

```
logger.info("Start print log")
logger.debug("Do something")
logger.warning("Something maybe fail.")
logger.info("Finish")
```

程序运行结果如下所示：

```
2018-12-25 16:25:02,621-__main__-INFO-Start print log
2018-12-25 16:25:02,674-__main__-WARNING-Something maybe fail.
2018-12-25 16:25:02,681-__main__-INFO-Finish
```

logging. basicConfig 函数各参数如下所示：

(1). level：消息级别，如 debug、info、warning、error 以及 critical。通过赋予 logger 或者 handler 不同的级别，开发者就可以只输出错误信息到特定的记录文件，或者在调试时只记录调试信息。

(2). format：指定输出的格式和内容，其参数和作用如下所示：

%(levelno)s：打印日志级别的数值。

%(levelname)s：打印日志级别的名称。

%(pathname)s：打印当前执行程序的路径，其实就是 sys. argv[0]。

%(filename)s：打印当前执行程序名。

%(funcName)s：打印日志的当前函数。

%(lineno)d：打印日志的当前行号。

%(asctime)s：打印日志的时间。

%(thread)d：打印线程 ID。

%(threadName)s：打印线程名称。

%(process)d：打印进程 ID。

%(message)s：打印日志信息。

2. 将日志写入到文件

程序如下所示：

```
import logging
logger=logging.getLogger(__name__)
logger.setLevel(level=logging.INFO)
handler=logging.FileHandler("d:\log.txt")
handler.setLevel(logging.DEBUG)
formatter=logging.Formatter('%(asctime)s-%(name)s-%(levelname)s-%(message)s')
handler.setFormatter(formatter)
logger.addHandler(handler)

logger.info("Start print log")
logger.debug("Do something")
logger.warning("Something maybe fail.")
```

```
logger.info("Finish")
```

程序运行结果如下所示：

通过 FileHandler 创建 d:\log. txt，并设置输出消息的格式，将其添加到 logger，然后将日志写入文件中。

3. 日志回滚

程序如下所示：

```
import logging
from logging.handlers import RotatingFileHandler
logger=logging.getLogger(__name__)
logger.setLevel(level=logging.INFO)
#定义一个 RotatingFileHandler，最多备份 3 个日志文件，每个日志文件最大 1KB
rHandler=RotatingFileHandler("d:\log.txt",maxBytes=1*1024,backupCount=3)
rHandler.setLevel(logging.INFO)
formatter=logging.Formatter('%(asctime)s-%(name)s-%(levelname)s-%(message)s')
rHandler.setFormatter(formatter)

console=logging.StreamHandler()
console.setLevel(logging.INFO)
console.setFormatter(formatter)

logger.addHandler(rHandler)                    #输出到文件
logger.addHandler(console)                     #输出到控制台

logger.info("Start print log")
logger.debug("Do something")
logger.warning("Something maybe fail.")
logger.info("Finish")
```

程序运行结果如下所示：

```
2018-12-26 09:56:29,930-__main__-INFO-Start print log
2018-12-26 09:56:29,936-__main__-WARNING-Something maybe fail.
9:56:29,939-__main__-INFO-Finish
```

4. 捕获 traceback

Python 中的 traceback 模块被用于跟踪异常返回信息，可以在 logging 中记录下 traceback。

程序如下所示：

```
import logging
```

```
logger=logging.getLogger(__name__)
logger.setLevel(level=logging.INFO)
handler=logging.FileHandler("d:\log.txt")
handler.setLevel(logging.INFO)
formatter=logging.Formatter('%(asctime)s-%(name)s-%(levelname)s-%(message)s')
handler.setFormatter(formatter)

console=logging.StreamHandler()
console.setLevel(logging.INFO)

logger.addHandler(handler)
logger.addHandler(console)

logger.info("Start print log")
logger.debug("Do something")
logger.warning("Something maybe fail.")
try:
    open("d:\logging.txt","rb")
except (SystemExit,KeyboardInterrupt):
    raise
except Exception:
    logger.error("Faild to open logging.txt from logger.error",exc_info=True)

logger.info("Finish")
```

程序运行结果如下所示：

```
Start print log
Something maybe fail.
Faild to open logging.txt from logger.error
Traceback (most recent call last):
  File "C:/Users/Administrator/Desktop/configTest.py", line 19, in<module>
    open("d:\logging.txt","rb")
FileNotFoundError:[Errno 2] No such file or directory: 'd:\\logging.txt'
Finish
```

4.7.3 JSON 配置 logging 模块

在 Python 代码中配置 logging 不够灵活，可以通过 JSON 文件加载日志的配置。在 d:\下创建 log.json 文件，程序如下所示：

```
{
    "version":1,
    "disable_existing_loggers":false,
    "formatters":{
```

```
        "simple":{
            "format":"%(asctime)s-%(name)s-%(levelname)s-%(message)s"
        }
    },
    "handlers":{
        "console":{
            "class":"logging.StreamHandler",
            "level":"DEBUG",
            "formatter":"simple",
            "stream":"ext://sys.stdout"
        },
        "info_file_handler":{
            "class":"logging.handlers.RotatingFileHandler",
            "level":"INFO",
            "formatter":"simple",
            "filename":"info.log",
            "maxBytes":"10485760",
            "backupCount":20,
            "encoding":"utf8"
        },
        "error_file_handler":{
            "class":"logging.handlers.RotatingFileHandler",
            "level":"ERROR",
            "formatter":"simple",
            "filename":"errors.log",
            "maxBytes":10485760,
            "backupCount":20,
            "encoding":"utf8"
        }
    },
    "loggers":{
        "my_module":{
            "level":"ERROR",
            "handlers":["info_file_handler"],
            "propagate":"no"
        }
    },
    "root":{
        "level":"INFO",
        "handlers":["console","info_file_handler","error_file_handler"]
    }
}
```

通过 JSON 加载配置文件，然后通过 logging. dictConfig 配置 logging，代码如下

所示：

```
import json
import logging.config
import os

def setup_logging():
    path="d:\log.json"
    default_level=logging.INFO
    env_key="LOG_CFG"
    value=os.getenv(env_key,None)
    if value:
        path=value
    if os.path.exists(path):
        with open(path,"r") as f:
            config=json.load(f)
            logging.config.dictConfig(config)
    else:
        logging.basicConfig(level=default_level)

def func():
    logging.info("start func")
    logging.info("exec func")
    logging.info("end func")

if __name__=="__main__":
setup_logging()
func()
```

程序运行结果如下所示：

```
2018-12-26 22:27:13,131-root-INFO-start func
2018-12-26 22:27:13,150-root-INFO-exec func
2018-12-26 22:27:13,159-root-INFO-end func
```

4.7.4 YAML 配置 logging 模块

通过 YAML 文件配置 logging 模块，比 JSON 看起来更加简洁。在 d:\下创建 log.yaml 文件，内容如下所示：

```
version: 1
disable_existing_loggers: False
formatters:
        simple:
            format: "%(asctime)s-%(name)s-%(levelname)s-%(message)s"
handlers:
```

```
console:
        class: logging.StreamHandler
        level: DEBUG
        formatter: simple
        stream: ext://sys.stdout
  info_file_handler:
        class: logging.handlers.RotatingFileHandler
        level: INFO
        formatter: simple
        filename: info.log
        maxBytes: 10485760
        backupCount: 20
        encoding: utf8
  error_file_handler:
        class: logging.handlers.RotatingFileHandler
        level: ERROR
        formatter: simple
        filename: errors.log
        maxBytes: 10485760
        backupCount: 20
        encoding: utf8
loggers:
  my_module:
        level: ERROR
        handlers: [info_file_handler]
        propagate: no
root:
  level: INFO
  handlers: [console,info_file_handler,error_file_handler]
```

通过 YAML 加载配置文件，然后通过 logging. dictConfig 配置 logging，代码如下所示：

```
import yaml
import logging.config
import os

def setup_logging():
    path="d:\logging.yaml"
    default_level=logging.INFO
    env_key="LOG_CFG"
    value=os.getenv(env_key,None)
    if value:
        path=value
    if os.path.exists(path):
```

```
            with open(path,"r") as f:
                config=yaml.load(f)
                logging.config.dictConfig(config)
        else:
            logging.basicConfig(level=default_level)

def func():
    logging.info("start func")
    logging.info("exec func")
    logging.info("end func")

if __name__=="__main__":
    setup_logging()
    func()
```

程序运行结果如下所示：

```
INFO:root:start func
INFO:root:exec func
INFO:root:end func
```

4.8 traceback

4.8.1 traceback 简介

在实践中，往往需要输出异常处理结果，便于直观地显示错误。Python 的 traceback 模块用于实现该功能。traceback 模块有如下常用方法：

- print_exc()：是输出异常栈。
- format_exc()：是以字符串的形式返回异常栈。
- traceback.print_exception(sys.exc_info())：显示异常如何实现。

4.8.2 traceback 举例

【例 4.10】 trackback 举例。

程序如下所示：

```
def func(a, b):
    return a / b
if __name__=='__main__':
    import sys
    import time
    import traceback
    try:
        func(1, 0)
```

```
    except Exception as e:
        print('***', type(e), e, '***')
        time.sleep(2)

        print("***traceback.print_exc():*** ")
        time.sleep(1)
        traceback.print_exc()          #print_exc()
        time.sleep(2)

        print("***traceback.format_exc():*** ")
        time.sleep(1)
        print(traceback.format_exc())   #format_exc()
        time.sleep(2)

        print("***traceback.print_exception():*** ")
        time.sleep(1)
        traceback.print_exception(*sys.exc_info())    #print_exception
```

程序运行结果如下所示：

```
***<class 'ZeroDivisionError'>division by zero ***
***traceback.print_exc():***
Traceback (most recent call last):
  File "C:/ Python36/trackbacktest.py", line 11, in<module>
    func(1, 0)
  File "C:/Python36/trackbacktest.py", line 2, in func
    return a / b
ZeroDivisionError: division by zero
***traceback.format_exc():***
Traceback (most recent call last):
  File "C:/Python36/trackbacktest.py", line 11, in<module>
    func(1, 0)
  File "C:/Python36/trackbacktest.py", line 2, in func
    return a / b
ZeroDivisionError: division by zero

***traceback.print_exception():***
Traceback (most recent call last):
  File "C:/Python36/trackbacktest.py", line 11, in<module>
    func(1, 0)
  File "C:/Python36/trackbacktest.py", line 2, in func
    return a / b
ZeroDivisionError: division by zero
```

4.9 习　　题

1. unittest 的工作原理是什么？

2. 使用 BeautifulSoup 库抓取豆瓣电影排行榜 https://movie.douban.com/chart 的电影名。

3. ConfigParser 是什么？

4. logging 是什么？

5. traceback 是什么？

6. 求素数的代码文件是 prime.py，如下所示：

```
def is_prime(number):
    if  number<0 or number in (0,1):
        return  False
    for element in range(2,number):
        if number %element==0:
            return False
return True
```

使用 unittest 编写 TestPrime 文件进行测试。

Python与Selenium网络测试

本章详细介绍Selenium。首先说明Selenium IDE的功能和使用方法;其次重点介绍SeleniumWebDriver,包括环境搭建、定位网页元素的相关方法,给出了定位静态页面和动态页面的具体实例;最后给出unittest与Selenium相结合的实例。

5.1 Selenium简介

Selenium是一个用于Web应用程序自动化测试的工具,它直接运行在浏览器中,支持IE7～11、Mozilla Firefox、Safari、Google Chrome等浏览器。Selenium的命名比较有意思,翻译为化学元素"硒"。这是因为QTP是主流的商业自动化测试工具,意为化学元素"汞"(俗称水银),而硒可以对抗汞。

2004年,Selenium Core诞生,它是基于浏览器并且采用JavaScript编程语言的测试工具,运行在浏览器的安全沙箱中。设计理念是将待测试产品、Selenium Core和测试脚本均部署到同一台服务器上,来完成自动化测试的工作。2005年,Selenium RC诞生,就是Selenium 1.0。Selenium RC让待测试产品、Selenium Core和测试脚本三者分散在不同的服务器上。

Selenium实际上不是一个测试工具,而是一个工具集,Selenium 1.0主要由三个核心组件构成: Selenium IDE、Selenium RC(Remote Control)及Selenium Grid,如表5.1所示。

表5.1 Selenium1.0工具集

工具	描述
Selenium IDE	一个Firefox插件,用于记录测试工作流程,以记录操作行为
Selenium RC	用于测试浏览器动作的执行
Selenium Grid	用于测试并行执行的工具

Selenium 1.0的工作原理如图5.1所示。

Selenium具有如下优势:

(1) 适合Web应用的测试,直接运行在浏览器上,所见即所得。

(2) 跨平台,支持多操作系统,如Windows、Linux等。

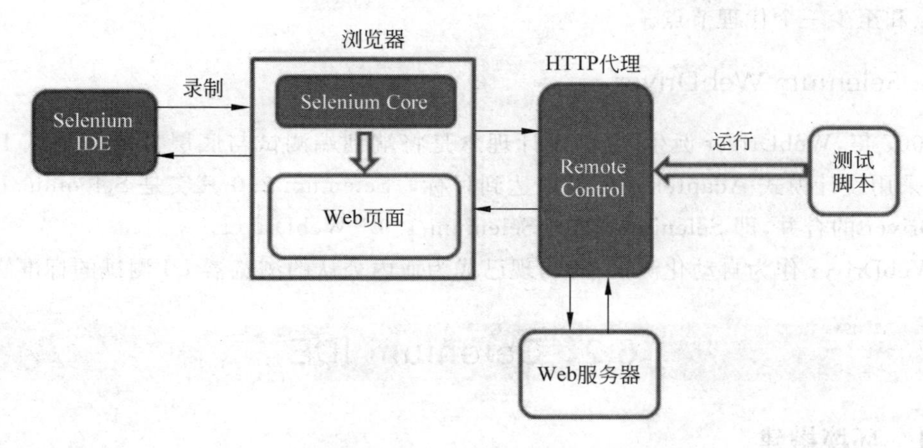

图5.1 Selenium 1.0的工作原理

(3) 支持多种脚本语言,如Java、Python等。

1. Selenium IDE

Selenium IDE开发测试脚本的集成开发环境,是嵌入到Firefox浏览器中的一个插件,可以录制/回放用户的基本操作,生成测试用例,运行单个测试用例或测试用例集。

Selenium IDE具有如下特点:

- 安装简单,使用方便。
- 可以对一般网页进行录制和回放。
- 能够进行断点回放和速度控制。
- 可以方便导出各种类型的脚本。
- 脚本可以转换成多种语言。

2. Selenium RC

Selenium RC(Remote Control)支持多种不同语言编写的自动化测试脚本,将Selenium RC的服务器作为代理服务器去访问应用,从而达到测试的目的。

Selenium RC包括两部分:Client Libraries和Selenium Server。Client Libraries库提供各种编程语言的客户端驱动来编写测试脚本,用来控制Selenium Server的库。Selenium Server负责控制浏览器行为。

3. Selenium Grid

Selenium Grid用于分布式测试,实现在异构环境中的测试。测试环境由一个主节点和若干个代理节点组成。主节点用来管理各个代理节点的注册和状态信息,接受远程客户端的代码请求,将请求的命令转发到代理节点执行。使用Selenium Grid远程执行测试代码与直接调用Selenium Server一样,只是环境启动的方式不一样,需同时启动一个主节点和至少一个代理节点。

4. Selenium WebDriver

2007年,WebDriver诞生,它的设计理念是将端到端测试与底层具体的测试工具隔离,并采用设计模式 Adapter 适配器来达到目标。Selenium 2.0 其实是 Selenium 1.0 和 WebDriver 的合并,即 Selenium 2.0=Selenium 1.0+WebDriver。

WebDriver 作为自动化测试框架,现已成为业内公认的浏览器 UI 测试的标准实现。

5.2 Selenium IDE

5.2.1 环境搭建

Selenium IDE 有如下两个版本:

(1) 如果使用 Selenium IDE 2.9.1,需要卸载系统的 Firefox 新版本(同时删除%AppData%/Mozilla/Firefox/Profiles 文件夹),然后运行提供的绿色火狐浏览器。

(2) Selenium IDE 3.0 以上不提供导出功能,用最新的 katalon 插件能更方便进行脚本录制回放和导出(界面和使用与 Selenium IDE 基本相同)。

Selenium IDE 环境的搭建步骤如下所示:

打开 Firefox 浏览器,按"工具"→"附件组件"→"获取添加组件"菜单顺序找到插件安装页面,在搜索栏输入 selenium ide 进行搜索,选择 selenium ide 进行安装,如图 5.2 所示。

图 5.2 Selenium IDE 的安装

安装成功后重启 Firefox,"工具"菜单栏下显示 Selenium IDE 菜单项,如图 5.3 所示。

打开 Selenium IDE,进入 Selenium IDE 主页面,如图 5.4 所示。

图 5.3 Selenium IDE 安装成功

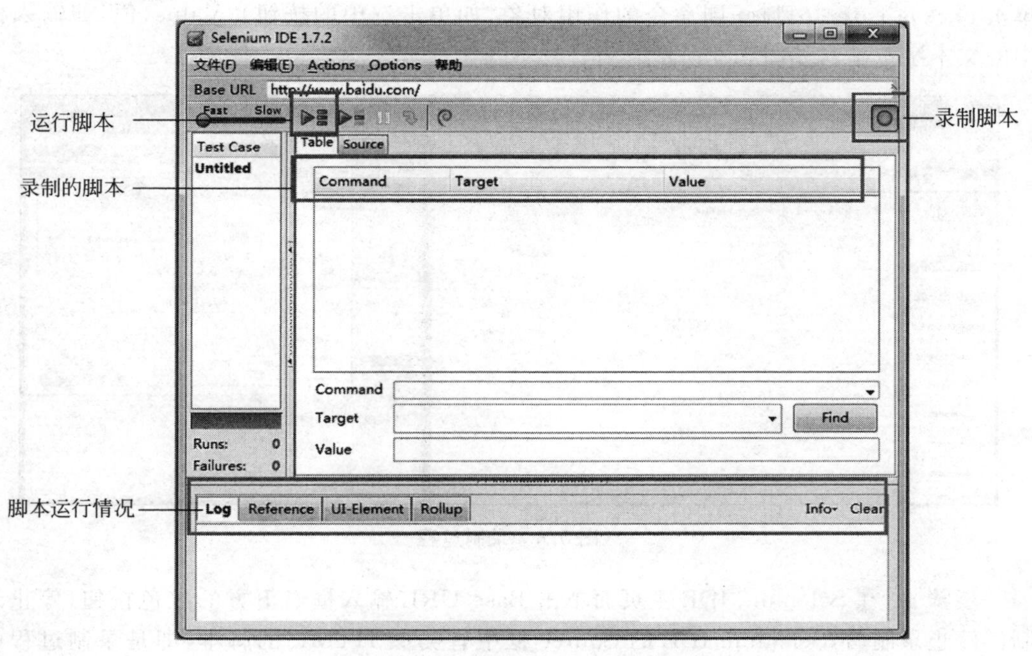

图 5.4 Selenium IDE 主页面

5.2.2 录制

Selenium IDE 的录制步骤如下所示。

步骤 1：启动 Firefox 浏览器，输入网址 www.baidu.com。

步骤 2：从工具菜单中打开 Selenium IDE，Base URL 中将默认为 www.baidu.com，如图 5.5 所示。

步骤 3：在 Firefox 中操作，在百度中输入 Selenium IDE，操作行为会被 Selenium IDE 转化为相应的命令，出现在 Table 框中，每一条都由三部分组成：Command(命令，如

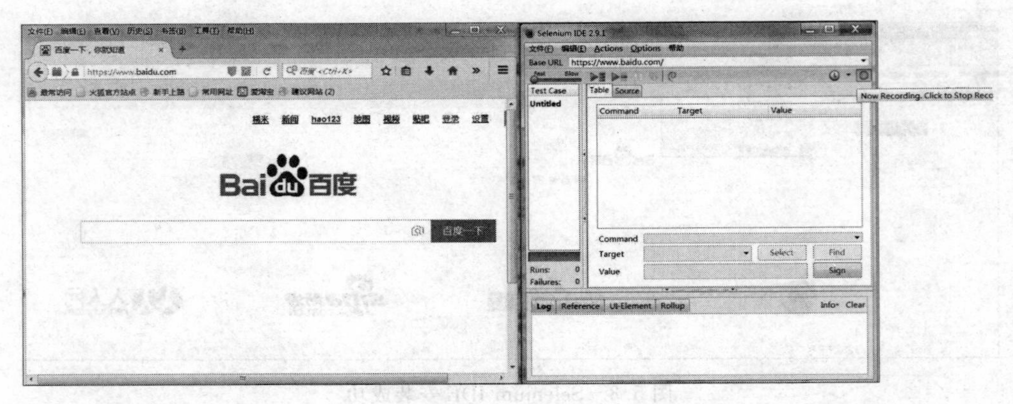

图 5.5　录制功能

单击 click)；Target(目标，即命令的作用对象，如单击选中的按钮)；Value(值，如输入框中的文本字符串)，如图 5.6 所示。

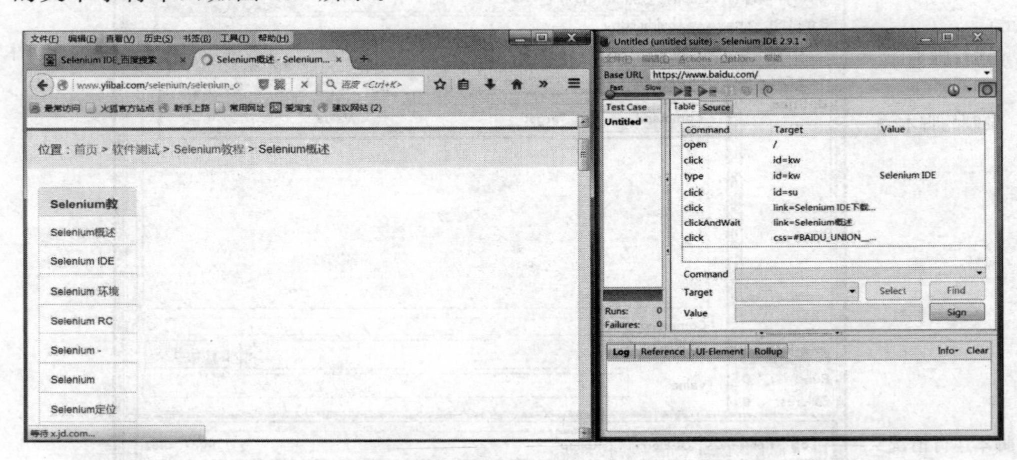

图 5.6　录制过程

步骤 4：在 Selenium IDE 主页面单击 Base URL 输入框右下方的红色按钮，停止录制。停止录制后，Selenium IDE 的 Source 框中有类似 HTML 的脚本，即是录制过程中生成的测试脚本，用于回放。录制脚本默认生成 HTML 语言，也可打开 Options→Format 菜单，选生成其他语言脚本，如 Java/C#/Python/Perl/Php/Ruby 等。录制的脚本要通过“文件”中的功能菜单来保存，如图 5.7 所示。

5.2.3　回放

在 Selenium IDE 主页面单击“运行脚本”按钮，开始回放后，在 Firefox 浏览器中 Selenium IDE 自动回放先前录制的动作，如图 5.8 所示。

回放过程如图 5.9 所示。

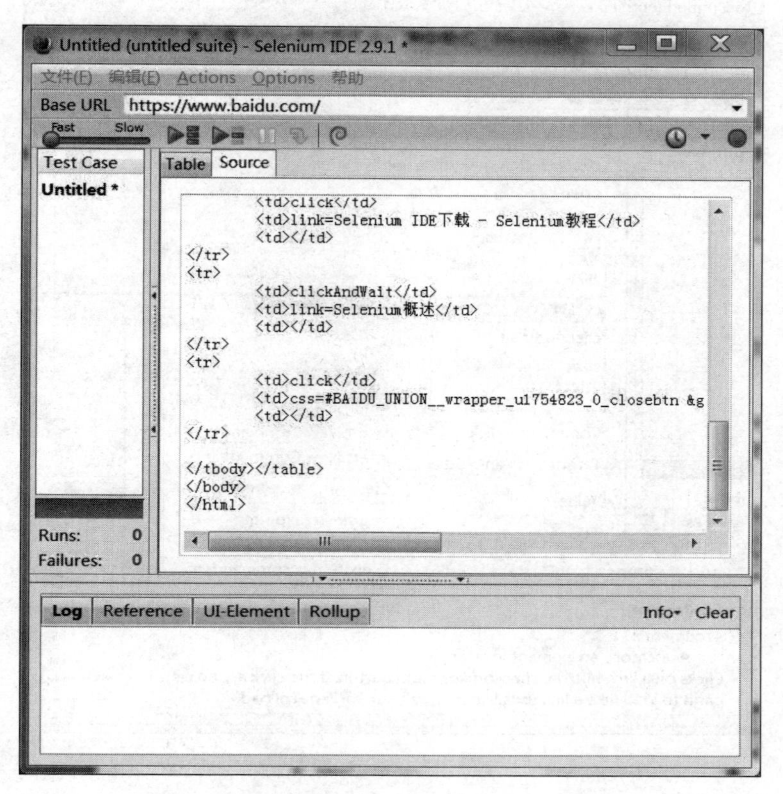

图 5.7 录制功能

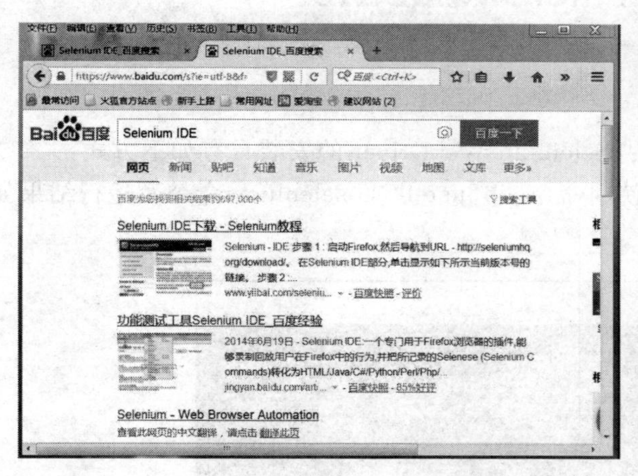

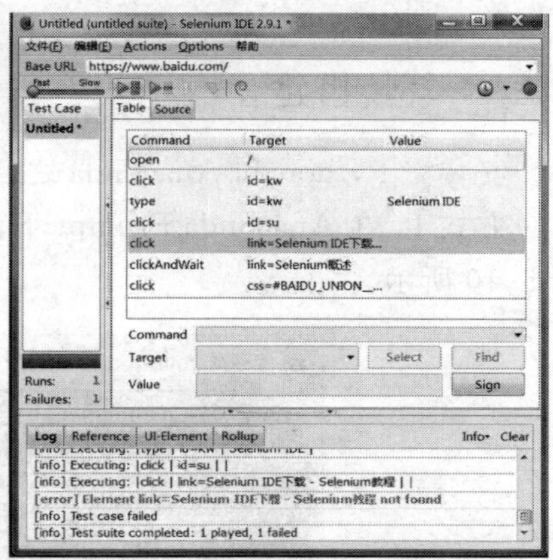

图 5.8 回放功能

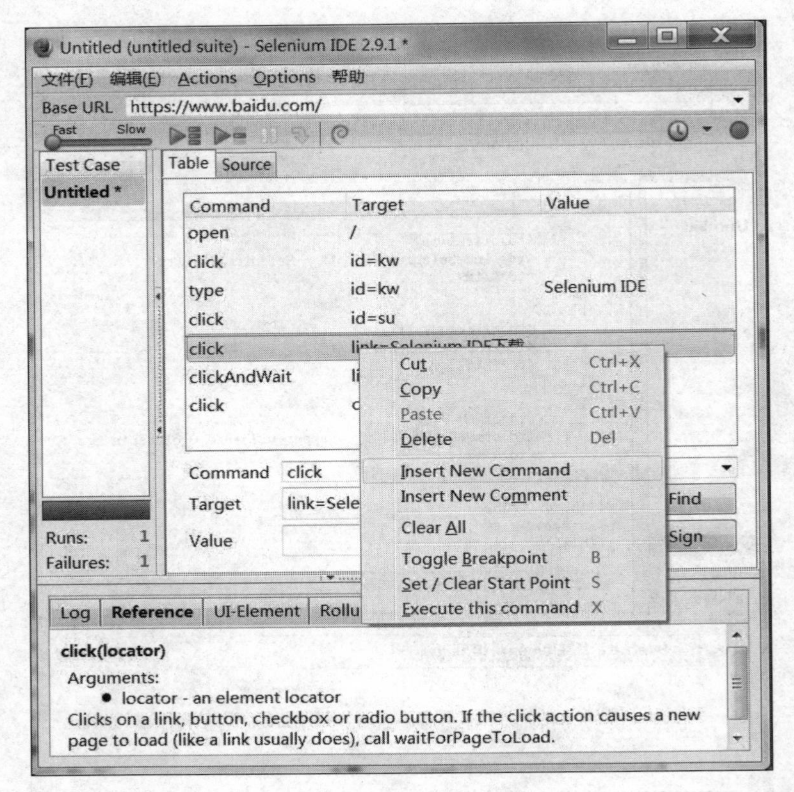

图 5.9　回放过程

5.3　Selenium WebDriver

5.3.1　环境搭建

安装完 Python 和 Anaconda 之后，Selenium WebDriver 的安装具有如下方式：

方式 1：在 Anaconda Prompt 下使用命令 pip install -U selenium，命令及运行结果如图 5.10 所示。

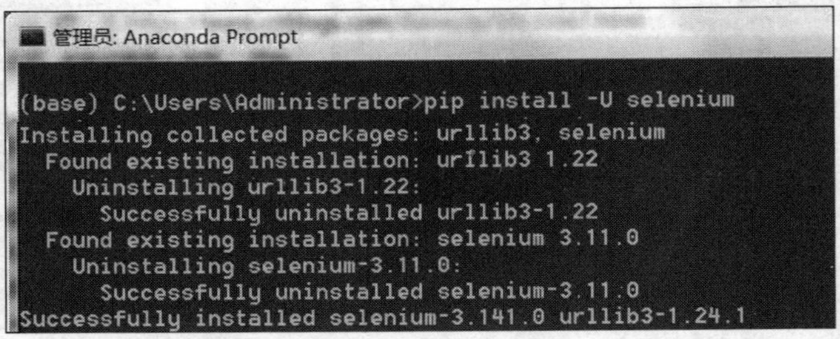

```
管理员: Anaconda Prompt

(base) C:\Users\Administrator>pip install -U selenium
Installing collected packages: urllib3, selenium
  Found existing installation: urllib3 1.22
    Uninstalling urllib3-1.22:
      Successfully uninstalled urllib3-1.22
  Found existing installation: selenium 3.11.0
    Uninstalling selenium-3.11.0:
      Successfully uninstalled selenium-3.11.0
Successfully installed selenium-3.141.0 urllib3-1.24.1
```

图 5.10　安装 Selenium

方式2：在命令提示符下使用命令：

```
pip install selenium / pip3 install selenium
```

5.3.2 浏览器连接

不同的浏览器，如IE、Chrome、Firefox等，WebDriver需要不同的驱动程序来连接。需要下载相应的驱动程序。

1. IE浏览器

在IE浏览器中WebDriver驱动程序的下载网址是http://docs.seleniumhq.org/download，页面如图5.11所示。

The Internet Explorer Driver Server
This is required if you want to make use of the latest and greatest features of the WebDriver InternetExplorerDriver. Please make sure that this is available on your $PATH (or %PATH% on Windows) in order for the IE Driver to work as expected. Download version 3.14.0 for (recommended) 32 bit Windows IE or 64 bit Windows IE CHANGELOG

图5.11 下载IE Driver Server页面

下载文件起名为IEDriverServer.exe，保存在C:\。

【例5.1】 在IE浏览器中测试。

```
__author__='Administrator'
from  selenium import webdriver
import unittest
class VisitSogouByIE(unittest.TestCase):
    def setUp(self):
        self.driver=webdriver.Ie(executable_path="C:\\IEDriverServer")
    def test_visitSogou(self):
        self.driver.get("http://www.sogou.com")
        print(self.driver.current_url)
    def tearDown(self):
        self.driver.quit()
    if __name__=='__main__':
        unittest.main()
```

2. Chrome浏览器

在Chrome浏览器中WebDriver驱动程序的下载网址是http://chromedriver.storage.googleapis.com/index.html，页面如图5.12所示。下载文件起名为ChromeDriverServer.exe，保存在C:\。

注意：Chrome浏览器的版本要和驱动程序的版本相对应，见网址https://blog.csdn.net/yoyocat915/article/details/80580066(2018 Selenium Chrome版本与Chrome Driver兼容版本对照表)。

Index of /2.46/

Name	Last modified	Size	ETag
Parent Directory		-	
chromedriver_linux64.zip	2019-02-01 19:22:24	5.15MB	f63b50301dbce2335cdd442642d7efa0
chromedriver_mac64.zip	2019-02-01 21:35:33	6.73MB	e287cfb628fbd9f6092ddd0353cbddaf
chromedriver_win32.zip	2019-02-01 21:20:53	4.42MB	d498f2bb7a14216b235f122a615df07a
notes.txt	2019-02-01 21:41:08	0.02MB	3cee5a7e5102a1fe996a7bb84c52983f

图 5.12　下载 Chrome Driver Server 页面

【例 5.2】 在 Chrome 浏览器中测试。

```
__author__='Administrator'
from  selenium import webdriver
import unittest

class VisitSogouByChrome(unittest.TestCase):
    def setUp(self):
        self.driver=webdriver. Chrome(executable_path="C:\\ ChromeDriverServer")
    def test_visitSogou(self):
        self.driver.get("http://www.sogou.com")
        print(self.driver.current_url)
    def tearDown(self):
        self.driver.quit()

    if __name__=='__main__':
        unittest.main()
```

3. Firfox 浏览器

在 Firfox 浏览器中，WebDriver 驱动程序的下载网址是 https://github.com/mozilla/geckodriver/releases，页面如图 5.13 所示。下载文件起名为 geckodriver.exe，保存在 C:\。

Assets 7

File	Size
geckodriver-v0.24.0-linux32.tar.gz	2.78 MB
geckodriver-v0.24.0-linux64.tar.gz	2.76 MB
geckodriver-v0.24.0-macos.tar.gz	2 MB
geckodriver-v0.24.0-win32.zip	3.73 MB
geckodriver-v0.24.0-win64.zip	4.46 MB
Source code (zip)	
Source code (tar.gz)	

图 5.13　下载 geckodriver 页面

【例 5.3】 在 Firefox 浏览器中测试。

```
__author__='Administrator'
from  selenium import webdriver
import unittest
class VisitSogouByFirefox(unittest.TestCase):
    def setUp(self):
        self.driver=webdriver. Firefox (executable_path="C:\\geckodriver")
    def test_visitSogou(self):
        self.driver.get("http://www.sogou.com")
        print(self.driver.current_url)
    def tearDown(self):
        self.driver.quit()

    if __name__=='__main__':
        unittest.main()
```

5.3.3 模拟用户操作

WebDriver 模拟用户操作有 Selenium 自身操作和通过动作链执行模拟操作两种方式。

方式 1：Selenium 自身操作。

命令如下所示：

```
send_keys(theKey)
```

其中，参数 theKey 是 send_keys 模块的变量值，取值如表 5.2 所示。

表 5.2 参数 theKey 取值

模拟键盘按键	说 明
send_keys(Keys. BACK_SPACE)	删除键
send_keys(Keys. SPACE)	空格键
send_keys(Keys. TAB)	制表键
send_keys(Keys. ESCAPE)	回退键
send_keys(Keys. ENTER)	回车键
send_keys(Keys. CONTROL,'a')	全选(Ctrl+A)
send_keys(Keys. CONTROL,'c')	复制(Ctrl+C)
send_keys(Keys. CONTROL,'x')	剪切(Ctrl+X)
send_keys(Keys. CONTROL,'v')	粘贴(Ctrl+V)
send_keys(Keys. F1……Fn)	键盘上的 F1,…,Fn 键

方式 2：通过动作链执行模拟操作。

动作链由 ActionChains 模块实现，命令如下所示，具体分为以下步骤：

```
from selenium.webdriver.common.action_chains import ActionChains
```

步骤 1：调用 ActionChains()类，并将浏览器驱动（WebDriver 对象）程序作为参数传入。

```
action=ActionChains(driver)                #构造参数是一个 WebDriver 对象
```

步骤 2：Webdriver 通过 Actions 类进行鼠标、键盘的模拟操作。鼠标模拟操作方法包括左键单击、左键双击、左键按下、左键移动到元素操作、右键单击、组合的鼠标操作（将目标元素拖曳到指定的元素上）等。不同的鼠标操作函数如下所示：

```
action.click(object)                  #鼠标左键单击,参数 object 是网页中的某个元素
action.double_click(object)           #鼠标左键双击
action.click_and_hold(object)         #鼠标左键按下操作
action.move_to_element(object)        #鼠标左键移动到元素操作(悬停)
action.context_click(object)          #鼠标右键单击操作:
action.drag_and_drop(a,b)             #将元素 a 拖曳到元素 b 上
action.drag_and_drop_by_offset(a, x, y)         #将目标元素 a 拖曳到 x 与 y 位置
action.key_down(value, element=None)            #按下某个键盘上的键
action.key_up(value, element=None)              #松开某个键
action.move_by_offset(xoffset, yoffset)         #鼠标从当前位置移动到某个坐标
action.move_to_element(to_element)              #鼠标移动到某个元素
action.move_to_element_with_offset(to_element, xoffset, yoffset)
#鼠标移动到距某个元素(左上角坐标)多少距离的位置
action.release(on_element=None)                 #在某个元素位置松开鼠标左键
action.send_keys(* keys_to_send)                #发送某个键到当前焦点的元素
action.send_keys_to_element(element, * keys_to_send)        #发送某个键到指定元素
```

步骤 3：实现动作链中的所有操作，命令如下所示。

```
action.perform()
```

【例 5.4】 ActionChains 示例。

示例网址为 http://sahitest.com/demo/clicks.htm，如图 5.14 所示，实现单击按钮后会在文本框中显示所单击的按钮名的功能。

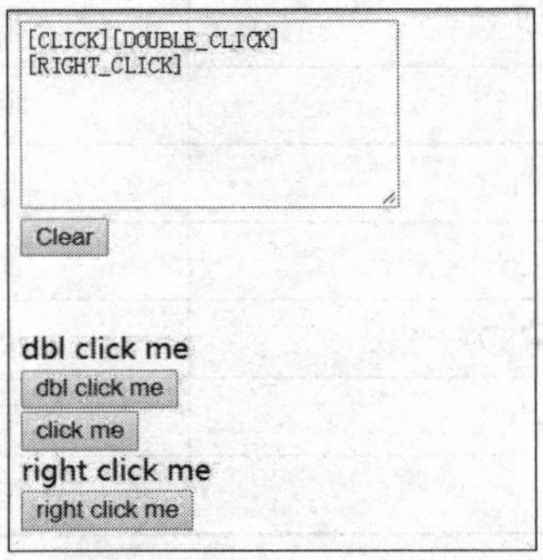

图 5.14　网址运行效果

代码执行如下所示：

```
from selenium import webdriver
from selenium.webdriver.common.action_chains import ActionChains
from time import sleep
driver=webdriver.Firefox()
driver.implicitly_wait(10)
driver.maximize_window()
driver.get('http://sahitest.com/demo/clicks.htm')

click_btn=driver.find_element_by_xpath('//input[@value="click me"]')
                                                             #单击按钮
doubleclick_btn=driver.find_element_by_xpath('//input[@value="dbl click me"]')
                                                             #双击按钮
rightclick_btn=driver.find_element_by_xpath('//input[@value="right click
me"]')                                                       #右键单击按钮

action=ActionChains(driver)
action.click(click_btn).double_click(doubleclick_btn).context_click
(rightclick_btn)
action.perform()

print(driver.find_element_by_name('t2').get_attribute('value'))
sleep(2)
driver.quit()
```

5.4 定位页面元素

Selenium WebDriver 使用 find_element_by_* 和 find_elements_by_* 定位页面的元素，共有 8 种常用的定位方式，分别是 id、name、tagName、className、linkText、partialLinkText、XPath 以及 cssSelector，如表 5.3 所示。

表 5.3 8种页面元素定位方式

定位方法	Python 语言实现
Id 定位	find_element_by_id()
name 定位	find_element_by_name()
tagName 定位	find_element_by_tag_name()
className 定位	find_element_by_class_name()
lintText 定位	find_element_by_link_text()
partialLinkText 定位	find_element_by_partial_link_text()
XPath 定位	find_element_by_xpath()
cssSelector 定位	find_element_by_css_selector()

5.4.1 id 定位

【例 5.5】 id 实现页面元素定位。
被测试网页 HTML 源码如下：

```
<HTML>
  <BODY>
    <label>用户名</label>
    <input id="username"></input>
    <label>密码</label>
    <input id="password"></input>
    <br>
    <button  id="submit">登录</button>
  </BODY>
</HTML>
```

使用 id 定位语句代码如下：

```
password=driver.find_element_by_id("password "))
username=driver.find_element(by="id", value=" username")
```

5.4.2 name 定位

【例 5.6】 name 实现页面元素定位。
被测试网页 HTML 源码如下：

```
<HTML>
  <BODY>
    <label>用户名</label>
    <input name="username"></input>
    <label>密码</label>
    <input name="password"></input>
    <br>
    <button name="submit">登录</button>
  </BODY>
</HTML>
```

使用 name 定位语句代码如下：

```
password=driver.find_element_by_name("username"))
```

5.4.3 tagName 定位

【例 5.7】 tagName 实现页面元素定位。
被测试网页 HTML 源码如下：

```
<HTML>
```

```
  <BODY>
    <a href="http://www.sougo.com">sogou 搜索</a>
  </BODY>
</HTML>
```

使用 tagName 定位语句代码如下：

```
a=driver.find_element_by_ tag_name("a"))
a=driver.find_element (by="_ tag name", value="a"))
```

使用 tagName 方法查找的元素往往不止一个，可以结合 findElements 方法和 type 属性来精准定位。

5.4.4 className 定位

【例 5.8】 className 实现页面元素定位。

被测试网页 HTML 源码如下：

```
<HTML>
  <head>
    <style type=" text/css">
    input.spread{ FONT-SIZE: 20pt;}
    input.tight{ FONT-SIZE: 10pt;}
  </head>
  <BODY>
    <input class="spread" type=text></input>
    <input class="tight" type=text></input>
  </BODY>
</HTML>
```

使用 className 定位语句代码如下：

```
spread=driver.find_element_by_class_name("spread")
tight=driver.find_element_by_class_name("tight ")
```

5.4.5 linkText 定位

【例 5.9】 linkText 实现页面元素定位。

被测试网页 HTML 源码如下：

```
<HTML>
  <BODY>
    <a href=" http://news.baidu.com ">百度新闻</a>
  </BODY>
</HTML>
```

使用 linkText 定位语句代码如下：

```
link=driver.find_element_by_link_text("百度新闻")
```

5.4.6 partialLinkText 定位

【例 5.10】 partialLinkText 实现页面元素定位。

被测试网页 HTML 源码如下：

```
<HTML>
  <BODY>
    <a href=" http://www.baidu.com ">baidu搜索</a>
  </BODY>
</HTML>
```

使用 partialLinkText 定位语句代码如下：

```
partialLink=driver.find_element_by_partial_link_text("baidu")
```

5.4.7 XPath 定位

XPath 是 XML 路径语言(XML path Language)，是一种用来确定 XML 文档中某部分位置的语言。可以定位几乎所有的页面元素。通过元素和属性导航，可以在 XML 文档中选择节点，查找信息。在 Selenium WebDriver 中，XPath 定位元素必须以"//"开头。例如，//input[@id='ls_username']，其中属性都是以@开头。另外，XPath 可以使用 contains 或 start-with 关键字实现模糊属性值定位。

【例 5.11】 XPath 实现页面元素定位。

被测试网页 HTML 源码如下：

```
<HTML>
  <BODY>
    <a href="http://news.baidu.com">新闻</a>
  </BODY>
</HTML>
```

使用 XPath 定位语句代码如下：

(1) contains 关键字

```
XPath=driver.find_element_by_xpath("//a[contains(@href, 'news')]")
```

(2) start-with 关键字

```
XPath=driver.find_element_by_xpath("//a[starts-with(@href, 'http://news
')]")
```

5.4.8 cssSelector 定位

CSS 是 Cascading Style Sheets 的缩写，即层叠样式表，用于显示 HTML 或 XML

文件。

【例 5.12】 cssSelector 实现页面元素定位。

被测试网页 HTML 源码如下：

```
<HTML>
  <head>
    <style type=" text/css">
    input.spread{ FONT-SIZE: 20pt;}
    input.tight{ FONT-SIZE: 10pt;}
  </head>
  <BODY>
    <input class="spread" type=text></input>
    <input class="tight" type=text></input>
    <a href="http://news.baidu.com">新闻</a>
  </BODY>
</HTML>
```

使用 cssSelector 定位目标元素，语句代码如下：

```
cssSelector=driver.find_element_by_css_selector("input.spread")
```

5.5 定位表格

定位表格的行列分为定位表格的全部单元格、定位表格的某个单元格、定位表格的子元素等，具体如下所示。

5.5.1 定位表格的全部单元格

【例 5.13】 定位表格的全部单元格。

被测试网页 HTML 源码如下：

```
<HTML>
  <BODY>
    <table width="400"  border="1" id="table">
    <tr>
          <td align="mid">学号</th>
          <td align="mid">姓名</th>
          <td align="mid">年龄</th>
    </tr>
    <tr>
          <td align="mid">001</th>
          <td align="mid">王涛</th>
          <td align="mid">20</th>
    </tr>
    <tr>
```

```
        <td align="mid">002</th>
        <td align="mid">李梅</th>
        <td align="mid">21</th>
    </tr>
    </table>
  </BODY>
</HTML>
```

被测试页面内容展示如图 5.15 所示。

学号	姓名	年龄
001	王涛	20
002	李梅	21

图 5.15　网页中的表格

首先定位表格的页面元素对象,在表格对象中把所有 tr 元素对象存储到 list 对象中。使用 for 循环把对象从 rows 对象中取出来,使用 findElements 函数将表格行对象中的所有单元格对象存储到名为 cols 的表(List)中。再使用 for 循环读取。

Python 代码如下所示:

```
from  selenium import webdriver
self.driver=webdriver.Firefox(executable_path="C:\\geckodriver")
self.driver.get(r"D:\table.html")
WebElement tableElement=driver.findElement(By.id("table"));
List<WebElement>rows=tableElement.findElements(By.tagName("tr"));
for (int i=0; i<rows.size(); i++) {
    List<WebElement>cols=rows.get(i).findElements(By.tagName("td"));
    for (int j=0; j<cols.size(); j++) {
        System.out.println(cols.get(j).getText()+"\t");
            }
        System.out.println("");
    }
```

5.5.2　定位表格的某个单元格

【例 5.14】　定位表格的某个单元格。

在例 5.13 的测试网页中定位表格的第二行第二列表格,可以采用 XPath 表达式和 CSS 表达式,具体如下所示。

XPath 表达式://*[@id='table']/tbody/tr[2]/td[2]。

CSS 表达式:html body table#table tbody tr:nth-child(2) td:nth-child(2)。

Python 代码如下所示:

```
WebElement tableElement=driver.findElement(By.cssSelector("html body table#
table tbody tr:nth-child(2) td:nth-child(2)"));
WebElement cell=driver.findElement(By.xpath("//*[@id='table']/tbody/tr[2]/
td[2]"));
```

5.5.3 定位表格的子元素

【例 5.15】 定位表格的子元素。

被测试网页 HTML 源码如下：

```
<!DOCTYPE html>
<html>
<body>
    <table width="400" border="1" id="table">
    <tr>
        <td align="left">消费项目</td>
        <td align="right">一月</td>
        <td align="right">二月</td>
    </tr>
    <tr>
        <td align="left">衣服<input type='checkbox'>外套</input><input type=
            'checkbox'>内衣</input></td>
        <td align="right">1000</td>
        <td align="right">500</td>
    </tr>
    <tr>
        <td align="left">化妆品<input type='checkbox'>面霜</input><input
            type='checkbox'>沐浴露</input></td>
        <td align="right">3000</td>
        <td align="right">500</td>
    </tr>
    <tr>
        <td align="left">食物<input type='checkbox'>主食</input><input type=
            'checkbox'>蔬菜</input></td>
        <td align="right">3000</td>
        <td align="right">650</td>
    </tr>
    <tr>
        <td align="left">总计</td>
        <td align="right">7000</td>
        <td align="right">1150</td>
    </tr>
    </table>
</body>
</html>
```

被测试页面内容如图 5.16 所示。

定位到表格中第三行的“面霜”复选框，XPath 表达式为//td[contains(text(),'化妆')]/input[1]。

消费项目	一月	二月
衣服 外套 内衣	1000	500
化妆品 面霜 沐浴露	3000	500
食物 主食 蔬菜	3000	650
总计	7000	1150

图 5.16　网页中的表格

Python 代码如下所示：

```
WebElement cell=driver.findElement(By.xpath("//td[contains(text(),'化妆']/
input[1]"));
```

表达式中的//td[contains(text(),'化妆']表示模糊匹配到包含“化妆”关键字的单元格，/input[1]表示单元格里面的第二个 input 元素。

5.6 定位网页

网页分为静态网页和动态网页，具体如下所示。

5.6.1 静态网页

【例 5.16】 使用 WebDriver 定位 checkbox.html 页面中的复选框。

checkbox.html 代码如下所示。

```
<!DOCTYPE HTML>
<html lang="ch-zh">
<head>
  <meta charset="utf-8">
  <title>checkbox test~ </title>
  <style type="text/css">
  </style>
</head>
<body>
  <h2>Choose your favorite foods</h2>
  <form action="" method="get" id="myform">
    <p>
      <label>
      <input type="checkbox" name="checkbox1" value="1">Apple
      </label>
      <label>
      <input type="checkbox" name="checkbox2" value="2">Banana
    </label>
      <label>
      <input type="checkbox" name="checkbox3" value="3">watermelon
      </label>
      <label>
```

```
        <input type="checkbox" name="checkbox4" value="4">Mango
        </label>
        <label>
        <input type="checkbox" name="checkbox5" value="5">Orange
        </label>
      </p>
    <h2>Male or Female</h2>
      <p>
        <label>
          <input type="radio" name="sex" value="man">Male
        </label>
        <label>
          <input type="radio" name="sex" value="woman">Female
        </label>
        <label>
          <input type="radio" name="sex" value="no">secrecy
        </label>
      </p>
    </form>
  </body>
  </html>
```

checkbox.html 执行效果如图 5.17 所示。

Choose your favorite foods

Apple Banana watermelon Mango Orange

Male or Female

Male Female secrecy

图 5.17　checkbox.html 的执行效果

代码如下所示。

使用 WebDriver 定位 checkbox 复选框，具有如下两种方法。

方法 1：使用 find_elements_by_tag_name()定位。

```
#找出所有标签为 input 的元素，但其中还存在单选按钮
inputs=driver.find_elements_by_tag_name("input")
checkboxes=list()                              #创建一个列表储存所有复选框元素
for item in inputs:
  #循环遍历之前通过标签名找到的所有元素(其中既有复选框，还有单选按钮)
    if item.get_attribute("type")=="checkbox":
          #get_attribute()函数得到 type 属性值判断是否为 checkbox
        checkboxes.append(item)        #添加到 checkbox 列表中
```

方法 2：通过 find_elements_by_xpath()直接找到所有复选框。

```
checkboxes=driver.find_element_by_xpath("//input[@type='checkbox']")
```

5.6.2 动态网页

【例 5.17】 定位"网易云音乐"动态网页上播放数大于 500 万的歌单。

1. 实现步骤

打开 http://music.163.com/#/discover/playlist,如图 5.18 所示。

图 5.18 打开"网易云音乐"

采用 Python 的爬虫库 BeautifulSoup 抓取网址的歌单。
代码如下所示:

```
from urllib.request import urlopen          #导入 request 对象
from bs4 import BeautifulSoup               #导入 BeautifulSoup 对象
html=urlopen('http://music.163.com/#/discover/playlist')
                                            #打开 url,获取 html 内容
bs_obj=BeautifulSoup(html.read(),'html.parser')
                                            #把 html 内容传到 BeautifulSoup 对象
text_list=bs_obj.find_all("span","nb")      #找到"class="nb"的 span 标签
for text in text_list:
    print(text.get_text())                  #打印 span 标签的文本
html.close()                                #关闭文件
```

2. 解析

运行结果为空,表示什么也没爬取到。这是因为"网易云音乐"是一个动态网页,其显

示内容由 JavaScript 技术动态加载生成，而 Python 的 Request 模块不能执行 JavaScript 和 CSS 代码，故无法爬取到数据。解决的方式一般是采用 Selenium WebDriver 和 PhantomJS 抓取动态网页的数据。PhantomJS 是一个无头浏览器，可以完成网站的链接跳转、表单提交和其他网站交互行为，而且避开浏览器图形界面，用于网络监测、网页截屏以及无界面测试等，PhantomJS 的官方网站为 http://phantomjs.org/，如图 5.19 所示。

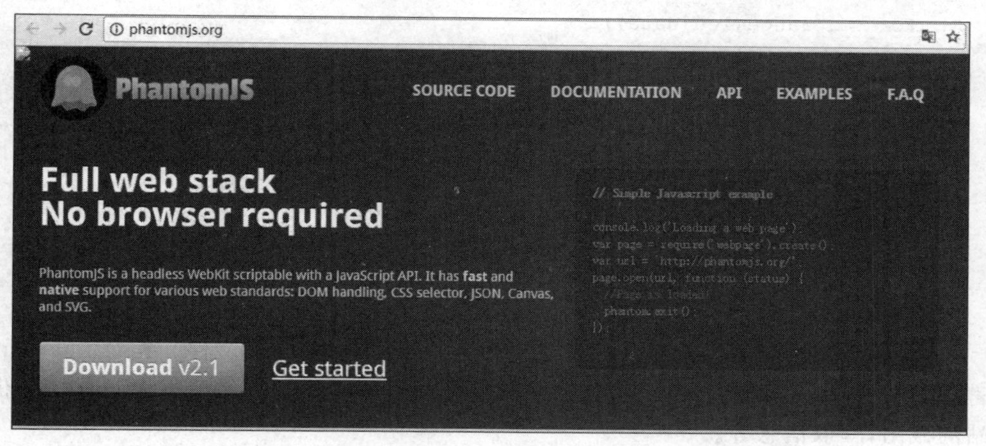

图 5.19 PhantomJS 官方网站

将下载的可执行文件 phantomjs.exe 复制到 Python 的 Scripts 文件夹，如下所示：

```
C:\Python36-32\Scripts
```

采用 Chrome 的“开发者工具”(F12)得到歌单的第一页 http://music.163.com/#/discover/playlist/?order=hot&cat=%E5%85%A8%E9%83%A8&limit=35&offset=0 的播放数 nb 标签，如图 5.20 所示。

```
▼<li>
  ▼<div class="u-cover u-cover-1">
     <img class="j-flag" src="http://p1.music.126.net/DIvXRnme0b58wCkFDgJ8FA==/19120507207628530.jpg?param=140y140">
     <a title="感情变了质，等时间揄理" href="/playlist?id=2215440866" class="msk"></a>
   ▼<div class="bottom">
       <a class="icon-play f-fr" title="播放" href="javascript:;" data-res-type="13" data-res-id="2215440866" data-res-action="play"></a>
       <span class="icon-headset"></span>
       <span class="nb">6189</span>
     </div>
   </div>
```

图 5.20 采用 Chrome 的“开发者工具”(F12)得到播放数

代码如下所示：

```
from selenium import webdriver
import csv
url="http://music.163.com/#/discover/playlist/?order=hot&cat=%E5%85%A8%
E9%83%A8&limit=35&offset=0"
driver=webdriver.PhantomJS()
csv_file=open("playlist.csv","w",newline="")
writer=csv.writer(csv_file)
```

```
writer.writerow(['标题','播放数','链接'])
while url !='javascript:void(0)':
    driver.get(url)
    driver.switch_to.frame("contentFrame")
    data=driver.find_element_by_id("m-pl-container").find_element_by_tag_
    name("li")
    for i in range(len(data)):
        nb=data[i].find_element_by_class_name("nb").text
        if '万' in  nb and int(nb.split("万")[0])  >500:
            msk=data[i].find_element_by_css_selector("a.msk")
            writer.writerow([msk.get_attribute('title'),nb,msk.get_
            attribute('href')])
        url=driver.find_element_by_css_selector("a.zbtn.znxt").get_
        attribute('href')
csv_file.close()                    #关闭文件
```

执行以上这段代码，会在程序的目录里生成一个 playlist.csv 文件。相对 PhantomJS 而言，如今 Headless Chrome 更为流行，Headless Chrome 更加方便测试 Web 应用，获得网站的截图，爬取信息等。

5.7 unittest 与 Selenium

5.7.1 简介

unittest 单元测试语法严谨冗长，适合为大型项目写测试；而 Selenium 的测试方式灵活且功能强大，是网站功能测试的首选。Selenium 可以轻易地获取网站信息，而单元测试可以评估这些信息是否满足通过测试的条件，两者可以较好地组合。

5.7.2 举例

【例 5.18】 实现百度搜索功能：在百度的搜索框中输入 hello，单击“搜索”按钮实现搜索的功能。

代码如下所示：

```
#coding=utf-8
import time
import unittest
from selenium import webdriver
#继承 unittest 类
class testClass(unittest.TestCase):
    #setup()进行一些初始化的准备工作
    def setUp(self):
        print ("setup")
        self.driver=webdriver.Firefox()                #浏览器为火狐
```

```
        self.driver.get("http://www.baidu.com")  #连接到百度网址
        time.sleep(3)                            #让线程停止 3 秒
    #下面是测试方法:
    def testsearch(self):
        input=self.driver.find_element_by_id('kw')
                                          #通过 id 属性找到搜索文本框元素
        search=self.driver.find_element_by_id('su')
                                          #通过 id 属性找到搜索按钮元素
        input.send_keys("hello")          #向搜索框中输入 hello
        search.click()                    #单击搜索按钮

    def tearDown(self):                   #运行结束后的处理动作
        print ('test down...')
        self.driver.close()               #退出浏览器连接
if __name__=='__main__':
        Unittest.main()                   #开始进行 unittest 测试
```

程序运行结果如图 5.21 所示。

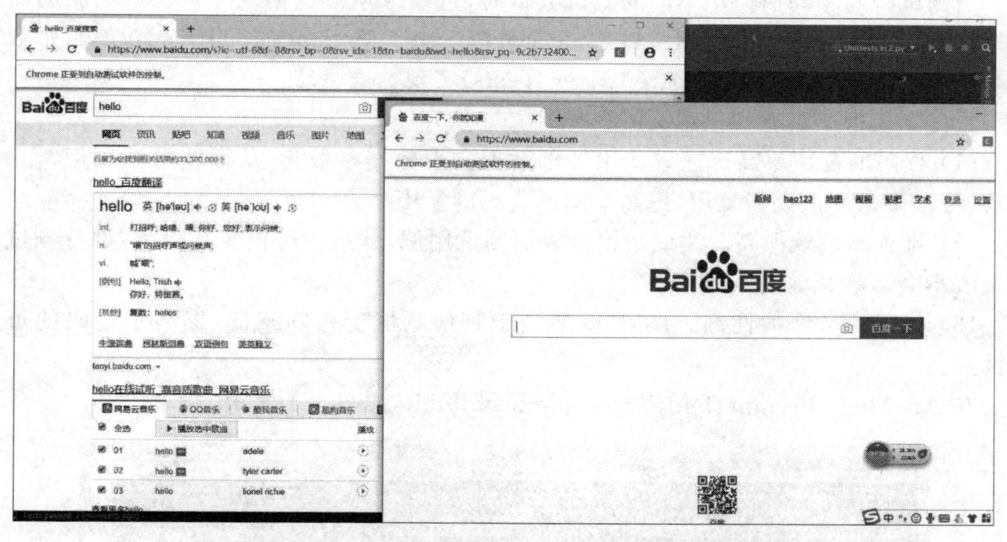

图 5.21 用 unittest 与 Selenium 实现百度搜索功能

5.8 习 题

1. Selenium 包括哪些内容？
2. Selenium IDE 的工作原理是什么？
3. 实现 Selenium WebDriver 的环境搭建，并定位网页的相关控件。
4. 实现本章所有例题。

Python与DDT数据驱动测试

本章介绍DDT,包括DDT的概念、DDT文件、unittest和DDT、Excel和DDT。

6.1 DDT

6.1.1 DDT简介

当测试脚本相同而使用不同的测试数据时,可以采用数据驱动测试。数据驱动测试是指将测试数据与测试行为相互独立、完全分离。由于Python的unittest没有自带数据驱动功能,因此需要用DDT(Data Driven Tests)实现数据驱动。

数据驱动框架具有如下意义:

(1) 代码的复用率高。通过使用外部数据实现数据参数化,从而使得测试逻辑一次编写,可被多条测试数据复用,提高了测试代码的复用率。

(2) 排查异常效率高。测试数据生成的测试用例,其执行过程相互隔离,部分测试用例失败不会影响其他的测试用例。

(3) 代码的可维护性高。DDT框架利于其他测试工程师阅读,提高了代码的可维护性。

在Anaconda Prompt下使用命令pip install ddt,如图6.1所示。

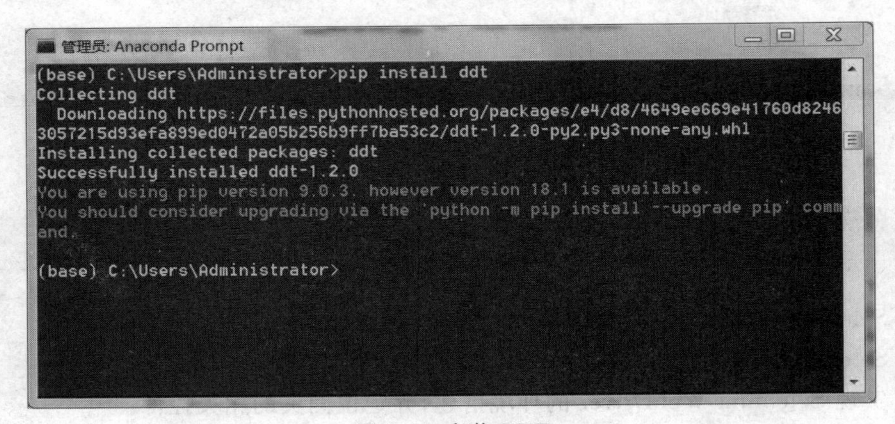

图6.1　安装DDT

DDT 安装成功后，生成 ddt.py 文件。

6.1.2 DDT 装饰符

为了创建数据驱动测试，需要将 ddt.py 文件与运行的.py 文件放到同一目录下，在测试类上需使用 @ddt 装饰符。由于参数的数据类型不同，测试方法也需使用不同的装饰符，如下所示。

(1) 对于单个值，使用@data(a,b)，a 和 b 各运行一次用例。

(2) 对于列表或元组，使用@data([a,d]) 或 @data((a,d))，具体如下所示。

① 如果没有 unpack，那么[a,b] 或 (a,d)被当成一个参数传入。

② 如果有 unpack，那么[a,b] 或 (a,d)被分解开，按照两个参数传递。

(3) 对于字典，使用@data({key1:value1,key2:value2})。

(4) 从 JSON 文件中获取测试数据，使用@file_data(filename)。

JSON(JavaScript Object Notation)，解释为 JavaScript 的对象表示法，是一种轻量级的数据交换格式。JSON 不但易于人阅读和编写，而且易于机器解析和生成。其书写格式为：名称:值对，例如"firstName":"John"。对于 JSON 的文件，每一个 JSON 元素按照一个用例运行，可以依照 Python 分解元组，列表或者字典的方式分解传入。

(5) 从 YAML 文件中获取测试数据，使用@file_data(filename)。

YAML(Yet Another Markup Language)，是另一种标记语言，它是具有较高可读性的一种数据序列化格式。由于 YAML 使用空白字符和分行来分隔资料，因此特别适合 Python 中的操作。

在 Anaconda Prompt 下使用命令 pip install pyyaml，如图 6.2 所示。pyyaml 安装后出现 PyYAML-3.12-py3.6.egg-info 文件。

```
(base) C:\Users\Administrator>pip install pyyaml
Requirement already satisfied: pyyaml in c:\programdata\anaconda3\lib\site-packa
ges
You are using pip version 9.0.3, however version 18.1 is available.
You should consider upgrading via the 'python -m pip install --upgrade pip' comm
and.
```

图 6.2　pyyaml 安装

YAML 文件的数据结构类似大纲的缩排方式，结构通过缩进来表示，连续的项目通过减号表示，map 结构里面的 key/value 对用冒号分隔。

6.2 DDT 文件

由于数据类型多样，DDT 针对测试方法需要不同的装饰符，具体如下所示。

6.2.1 读取单个数据

【例 6.1】 用 DDT 读取单个数据。

```
import unittest
```

```
from ddt import ddt,data

@ddt
class demotest(unittest.TestCase):
    def setup(self):
        print("this is the setup")
    @data(2,3)
    def test1(self,value):
        print(value)
        print("this is test")
    def teardown(self):
        print("this is the down")

if __name__=='__main__':
    unittest.main()
```

程序运行结果如下所示。

```
====RESTART: C:/Users/Administrator/Desktop/DDT_test.py=====
2
this is test
.3
this is test
.
----------------------------------------------------------------------
Ran 2 tests in 0.119s

OK
```

6.2.2 读取列表和元组

【例 6.2】 用 DDT 读取列表和元组,不使用(@unpack)。

```
import unittest
from ddt import ddt,data

@ddt
class demotest(unittest.TestCase):
    def setup(self):
        print("this is the setup")
    @data([2,3],[4,5])
    def testa(self,value):
        print(value)
        print("this is test a")
    def teardown(self):
        print("this is the down")
```

```
if __name__=='__main__':
    unittest.main()
```

程序运行结果如下所示。

```
====RESTART: C:/Users/Administrator/Desktop/DDT_test.py========
..[2, 3]
this is test a
[4, 5]
this is test a
.
----------------------------------------------------------------
Ran 2 tests in 0.104s

OK
```

【例 6.3】 用 DDT 读取列表和元组，使用(@unpack)。

```
import unittest
from ddt import ddt,data,unpack
@ddt
class demotest(unittest.TestCase):
    def setup(self):
        print("this is the setup")
    @data([2, 3], [4, 5])
    @unpack
    def testc(self, first,second):
        print(first)
        print(second)
        print("this is test c")
    def teardown(self):
        print("this is the down")

if __name__=='__main__':
    unittest.main()
```

程序运行结果如下所示。

```
=======RESTART: C:/Users/Administrator/Desktop/DDT_test.py=======
..2
3
this is test c
4
5
this is test c
.
```

```
------------------------------------------------------------------
Ran 2 tests in 0.016s

OK
```

6.2.3 读取字典

【例 6.4】 用 DDT 读取字典。

```
import unittest
from ddt import ddt,data

@ddt
class demotest(unittest.TestCase):
    def setup(self):
        pass
    @data({"name":"gupan", "length":"170cm"}, {"age":"12"})
    def test_dict(self, value):
        print(value)
        print("this is test")
    def teardown(self):
        print("this is the down")

if __name__=='__main__':
    unittest.main()
```

程序运行结果如下所示。

```
========RESTART: C:\Users\Administrator\Desktop\1.py========
..{'name': 'gupan', 'length': '170cm'}
this is test
{'age': '12'}
this is test
.
------------------------------------------------------------------
Ran 2 tests in 0.078s

OK
```

6.2.4 读取 JSON 文件

【例 6.5】 用 DDT 读取 JSON 文件。

新建文件 test_data_dict.json,代码如下。

```
{
    "sorted_list": [ 10, 12, 15 ],
```

```
    "unsorted_list":[ 15, 12, 50 ]
}
```

DDT_test.py 文件代码如下所示。

```
import unittest
from ddt import ddt,file_data

@ddt
class demotest(unittest.TestCase):
    def setup(self):
        print("this is the setup")
    @file_data('d:/test_data_dict.json')
    def test_dic(self,value):
        print(value)
        print('this is json')

    def teardown(self):
        print("this is the down")

if __name__=='__main__':
    unittest.main()
```

程序运行结果如下所示。

```
=======RESTART: C:/Users/Administrator/Desktop/DDT_test.py=======
[10, 12, 15]
this is json
.[15, 12, 50]
this is json
.
----------------------------------------------------------------------
Ran 2 tests in 0.135s

OK
```

6.2.5 读取 YAML 文件

【例 6.6】 用 DDT 读取 YAML 文件。

新建文件 test_data_dict.yaml,代码如下。

```
name: Doe
parents:
      -John
      -Jane
children:
```

```
    -Paul
    -Mark
    -Simone
```

新建测试脚本 ddt_test.py，代码如下。

```
import unittest
from ddt import ddt, unpack,file_data

@ddt
class demotest(unittest.TestCase):
    def setup(self):
        pass

    @file_data('d:/test_data_dict.yaml')
    @unpack
    def test_dic(self,value):
        print(value)
        print('this is yaml')

if __name__=='__main__':
    unittest.main()
```

程序运行结果如下所示。

```
=======RESTART: C:/Users/Administrator/Desktop/DDT_test.py=======
this is yaml
['John', 'Jane']
this is yaml
['Paul', 'Mark', 'Simone']
this is yaml

----------------------------------------------------------------
Ran 3 tests in 0.003s

OK
```

6.3 unittest+DDT

6.3.1 简介

在测试驱动框架 unittest 中引入 DDT 模块后，代码如下所示。

```
#/usr/bin/python
#enoding: utf-8
```

```
import unittest
import ddt

@ddt.ddt
class MytTestCase (unittest.TestCase):
    def setUp(self):
        '''测试用例执行前的初始化'''
        print "setup"

    @ddt.data(["testdata1", "expectedresult1"],
              ["testdata2", "expectedresult2"])
    @ddt.unpack
    def test_something(self, testdata, expectresult):
        '''具体的测试用例'''
        print "test something"
        print testdata
        print expectresult

    def tearDown(self):
        '''测试用例执行完成后,对资源进行释放'''
        print "teardown"

if __name__=='__main__':
    unittest.main()
```

引入 DDT 的步骤如下：

步骤 1：在头部导入 ddt。

步骤 2：在测试类前声明使用 DDT(@ddt. ddt)。

步骤 3：在测试方法前使用@ddt. data 和@unpack 进行修饰。每条测试数据有两个字段：第一个是测试数据；第二个是期望的测试结果。

执行结果如图 6.3 所示。

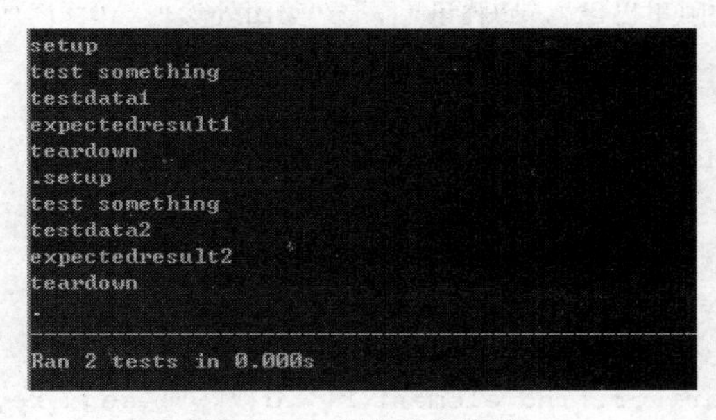

图 6.3　程序运行结果

可以看到，测试结果有两条测试用例被执行，而非一条测试用例，也就是因为测试框架自动将测试数据分配给两条测试用例执行，并通过 print 语句输出结果。

6.3.2 举例

基于 unittest 框架，借助 DDT 实现数据驱动，采用 logging 日志存储。

【例 6.7】 unittest＋DDT 举例。

```
#encoding=utf-8
from selenium import webdriver
import unittest
import time
import logging        #logging
import traceback     #traceback
import ddt
from selenium.common.exceptions  import  NoSuchElementException
#初始化日志对象
logging.basicConfig(
    #日志级别
    level=logging.INFO,
    #时间、代码所在文件名、代码行号、日志级别名字、日志信息
    format='%(asctime)s %(filename)s[line: %(lineno)d] %(levelname)s %(message)s',
    #打印日志的时间
    datefmt='%a, %d %b %Y %H:%M:%S',
    #日志文件存放的目录及日志文件名
    filename='F:\\DataDriven\\TestResults\TestResults.TestResults',
    #打开日志的方式
    filemode='w'
)
@ddt.ddt
class DataDrivenDDT(unittest.TestCase):
    def setUp(self):
        self.driver=webdriver.Chrome()

    @ddt.data([u"阿里巴巴", u"腾讯"], [u"美团外卖", u"百度"], [u"饿了么", u"蚂蚁金
     服"])
    @ddt.unpack
    def test_dataDrivenByDDT(self, testdata, expectdata):
        url="http://www.baidu.com"
        self.driver.get(url)
        self.driver.implicitly_wait(30)
        try:
            self.driver.find_element_by_id("kw").send_keys(testdata)
            self.driver.find_element_by_id("su").click()
            time.sleep(3)
            self.assertTrue(expectdata in self.driver.page_source)
        except NoSuchElementException as e:
```

```
            logging.error(u"查找的页面元素不存在,异常堆栈信息:"+str(traceback.
            format_exc()))
        except AssertionError as e:
            logging.info(u"搜索 '%s',期望 '%s',失败" %(testdata, expectdata))
        except Exception as e:
            logging.error(u"未知错误,错误信息:"+str(traceback.format_exc()))
        else:
            logging.info(u"搜索 '%s',期望 '%s',通过" %(testdata, expectdata))

    def tearDown(self):
        self.driver.quit()
if __name__=='__main__':
unittest.main()
```

日志结果如图 6.4 所示。

```
1 Mon, 25 Feb 2019 00:23:19 3.py[line: 48] INFO 搜索 '阿里巴巴',期望 '腾讯' ,通过
2 Mon, 25 Feb 2019 00:23:30 3.py[line: 48] INFO 搜索 '美团外卖',期望 '百度' ,通过
3 Mon, 25 Feb 2019 00:23:41 3.py[line: 44] INFO 搜索 '饿了么',期望 '蚂蚁金服' ,失败
4
```

图 6.4 程序运行结果

6.4 Excel+DDT

一般将测试所需的数据存放在 Excel 表格中,通过 Python 测试代码调用,实现测试。

6.4.1 xlrd 库和 xlwt 库

Python 使用 xlrd 和 xlwt 两个库操作 Excel 文件。其中,xlrd 用于读 Excel;xlwt 用于写 Excel。在 Anaconda Prompt 下使用命令 pip install xlrd,安装 xlrd 库,如图 6.5 所示。

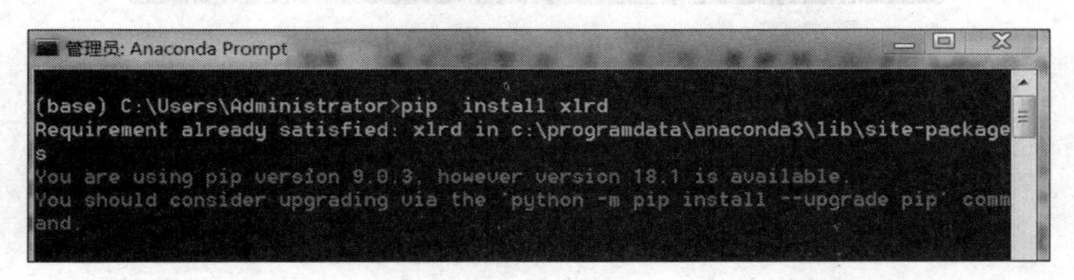

图 6.5 安装 xlrd

在 Anaconda Prompt 下使用命令 pip install xlwt,安装 xlwt,如图 6.6 所示。

```
(base) C:\Users\Administrator>pip  install xlwt
Requirement already satisfied: xlwt in c:\programdata\anaconda3\lib\site-package
s
```

图 6.6 安装 xlwt

在 D 盘下创建 grade. xls 文件，内容如表 6.1 所示。

表 6.1　grade. xls 文件

姓名	平时成绩	期末成绩	姓名	平时成绩	期末成绩
王鑫瑞	72	55	赵利乐	72	72
王柏川	75	70	袁逸凡	65	65
张　宁	70	64	赵　丹	73	60
杨雪捷	72	67	薛　雯	75	75
徐　颖	75	75	赵　昆	74	65
张欢乐	70	60	王　霆	73	65
赵　萌	71	71	伍　聪	72	72
杨　诚	72	62	孙　妍	80	88
王　倩	79	79	谢加友	68	68
孙玉钰	72	72	余慧敏	74	74

在 Python 中操作 Excel 文件的方法如下所示。

(1) 引入 xlrd 库，打开 Excel 文件并获取所有的 sheet，如图 6.7 所示。

```
(base) C:\Users\Administrator>python
Python 3.6.4 |Anaconda, Inc.| (default, Jan 16 2018, 10:22:32) [MSC v.1900 64 bi
t (AMD64)] on win32
Type "help", "copyright", "credits" or "license" for more information.
>>> import xlrd
>>> workbook = xlrd.open_workbook('d:/grade.xls')
>>> print(workbook.sheet_names())
['Sheet1', 'Sheet2', 'Sheet3']
```

图 6.7　获取所有的 sheet

(2) 根据 sheet 索引或者名称获取 sheet 内容，同时获取 sheet 的名称、行数、列数，如图 6.8 和图 6.9 所示。

```
>>> sheet1=workbook.sheet_by_index(0)
>>> print(sheet1.name,sheet1.nrows,sheet1.ncols)
Sheet1 22 3
```

图 6.8　根据 sheet 索引获取 sheet 内容

```
>>> sheet1=workbook.sheet_by_name('Sheet1')
>>> print(sheet1.name,sheet1.nrows,sheet1.ncols)
Sheet1 22 3
```

图 6.9　根据 sheet 名称获取 sheet 内容

(3) 根据 sheet 名称获取某行和某列的值，如图 6.10 所示。

```
>>> sheet1=workbook.sheet_by_name('Sheet1')
>>> rows=sheet1.row_values(2)
>>> cols=sheet1.col_values(2)
>>> print(rows)
['王柏川', 75.0, 70.0]
>>> print(cols)
['期末', 55.0, 70.0, 64.0, 67.0, 75.0, 60.0, 71.0, 62.0, 79.0, 72.0, 72.0, 65.0,
 60.0, 75.0, 65.0, 65.0, 72.0, 88.0, 68.0, 74.0, 80.0]
```

图 6.10　根据 sheet 名称获取某行和某列的值

（4）获取指定单元格的内容，如图 6.11 所示。

```
>>> print(sheet1.cell(2,2).value)
70.0
>>> print(sheet1.cell_value(2,2))
70.0
>>> print(sheet1.row(2)[2].value)
70.0
```

图 6.11　获取指定单元格的内容

【例 6.8】　在 Python 中操作 Excel 文件。

使用 xlwt 库创建图 6.12 所示的 Excel 文件。

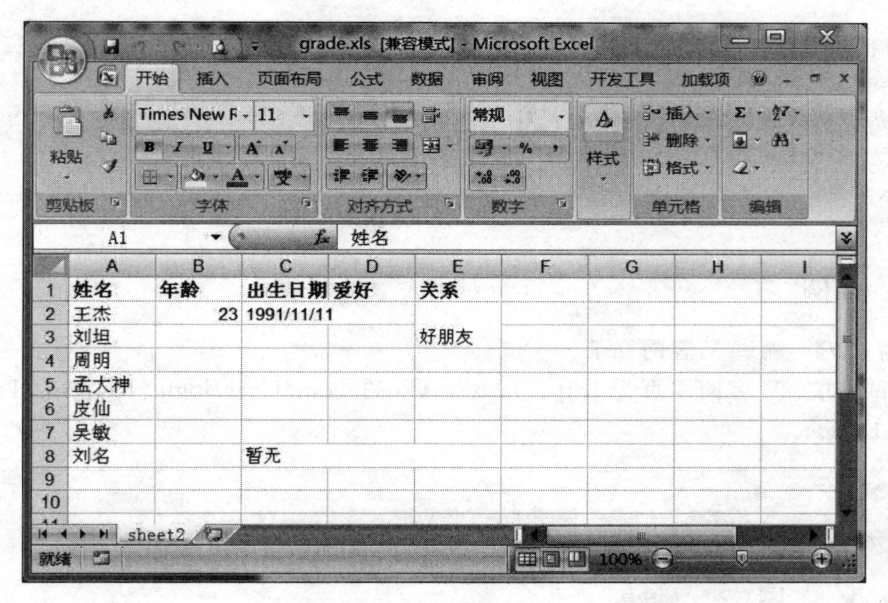

	A	B	C	D	E
1	姓名	年龄	出生日期	爱好	关系
2	王杰	23	1991/11/11		
3	刘坦				好朋友
4	周明				
5	孟大神				
6	皮仙				
7	吴敏				
8	刘名		暂无		

图 6.12　Excel 文件

代码如下所示。

```
'''  创建第二个 sheet: sheet2  '''
def set_style(name,height,bold=False):
    style=xlwt.XFStyle()                    #初始化样式
    font=xlwt.Font()                        #为样式创建字体
    font.name=name                          #'Times New Roman'
    font.bold=bold
    font.color_index=4
    font.height=height
    style.font=font
    return style

import xlwt
f=xlwt.Workbook()                           #创建工作簿
sheet2=f.add_sheet(u'sheet2',cell_overwrite_ok=True) #创建 sheet2
```

```
row0=[u'姓名',u'年龄',u'出生日期',u'爱好',u'关系']
column0=[u'王杰',u'刘坦',u'周明',u'孟大神',u'皮仙',u'吴敏',u'刘名']

 #生成第一行
for i in range(0,len(row0)):
    sheet2.write(0,i,row0[i],set_style('Times New Roman',220,True))
  #生成第一列
for i in range(0,len(column0)):
    sheet2.write(i+1,0,column0[i],set_style('Times New Roman',220))

sheet2.write(1,2,'1991/11/11')
sheet2.write(1,1,23)
sheet2.write_merge(7,7,2,4,u'暂无')        #合并列单元格
sheet2.write_merge(1,2,4,4,u'好朋友')      #合并行单元格

f.save('d:\grade.xls')                    #保存文件
```

6.4.2 举例

【例 6.9】 测试 V 客网登录。

测试需求：V 客网主页为 http://www.vke53.com/User/login?ReturnUrl=%2f，如图 6.13 所示。

图 6.13 V 客网主页

现需要功能测试，实现如下内容。

(1) 输入有效的用户名和密码，验证是否登录成功。

(2) 输入有效的用户名和无效的密码，验证是否登录成功。

(3) 输入无效的用户名和无效的密码,验证是否登录成功。

整个文件包括 location. py 和 WekeTest. py 两个文件。

WekeTest. py 通过调用 location. py 获得 Excel(login. xls)文件的数据,进行测试。login. xlsd 的三列信息分别是 username、password 以及 result 信息,如表 6.2 所示。

表 6.2 login. xls 文件内容

username	password	result
3102865447@qq. com	testadmin	1
958031210@qq. com	adiin	0
451515@qqq. comdf	admin	0

login. xls 的三行数据对应功能测试的三点,说明如下:

第一行: username 有效,password 有效,result 成功。

第二行: username 有效,password 无效,result 失败。

第三行: username 无效,password 无效,result 失败。

【location. py】代码如下:

```
###########################location.py############################
#coding:utf-8
import xlrd
from time import sleep
def getDdtExcel(file_name='d://login.xls'):          #打开 login.xls 文件
    rows=[]    #创建一个 rows 列表,来存放 Excel 文档内容
    book=xlrd.open_workbook(file_name)               #打开 Excel 文档
    sheet=book.sheet_by_index(0)                     #转到 sheet1
#循环得到 sheet1 中从第一行(不包括字段行)之后的每一行的内容(索引号从 0 开始,索引为 0
 是字段名,不是内容)
    for row in range(1, sheet.nrows):                #nrows 得到 sheet1 的总行数
        #得到 sheet 每一行的内容并存入到 rows 列表中
        rows.append(list(sheet.row_values(row, 0, sheet.ncols)))
     return rows   #将 rows 列表返回,包含 Excel 文档中除字段行外的每一行内容

#V 客网登录
def clickLogin(driver, username, password):
    sleep(2)
    #通过 id 属性找到输入用户名的文本框并输入 username
    driver.find_element_by_id('login_txtUserName').send_keys(username)
    sleep(2)
    #通过 id 属性找到输入密码的文本框并输入 password
    driver.find_element_by_id('login_txtPassword').send_keys(password)
    sleep(2)
    #通过 id 属性找到登录按钮并单击
```

```
    driver.find_element_by_id('login_btnLogin').click()

#获取最终是否登录成功
def getText(driver):
    url=driver.current_url
    if  url=="http://www.vke53.com/User/login? ReturnUrl=%2f":
#如果登录失败,转到这个网址 URL
        return 0            #登录失败返回 0
    else:
        return 1            #登录成功返回 1
```

【WekeTest. py】代码如下所示:

```
############################WekeTest.py############################
#coding:utf-8

from selenium import webdriver
from ddt import ddt, data, unpack
import unittest
import location
@ddt
class WekeTest(unittest.TestCase):
    #测试前的准备工作
    def setUp(self):
        self.driver=webdriver.Chrome()                  #浏览器为 chrome
        self.driver.maximize_window()                   #最大化窗口
        self.driver.implicitly_wait(30)                 #等待 0.03S
        self.driver.get('http://www.vke53.com/User/login?ReturnUrl=/')
                                                        #转到登录网址
#通过 location.py 模块中的 getDdtExcel 函数获得 Excel 文档中的数据进行测试
    @data(* location.getDdtExcel())
    @unpack
    def testCase_01(self, username, password, expect):
#调用 location 模块的函数 clickLogin 进行登录操作
        location.clickLogin(self.driver, username, password)
#判断测试是否通过
        self.assertEqual(location.getText(self.driver), expect)
    #测试结束后的操作
    def tearDown(self):
        self.driver.quit()          #关闭浏览器连接
if __name__=='__main__':
    suite=unittest.TestLoader().loadTestsFromTestCase(WekeTest)
    unittest.TextTestRunner(verbosity=2).run(suite)
```

程序运行结果如图 6.14 所示。

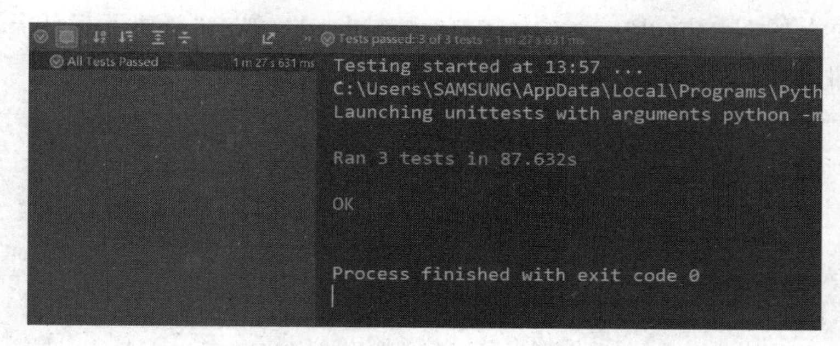

图 6.14 程序运行结果

6.5 MySQL+DDT

MySQL 是目前最受欢迎的开源关系型数据库管理系统。一般将测试所需的数据存放在 MySQL 中，通过 Python 测试代码调用，实现测试。

6.5.1 安装 MySQL

安装 MySQL 有如下步骤：

打开 MySQL 官方网站 https://dev.mysql.com/downloads/installer/，如图 6.15 所示。

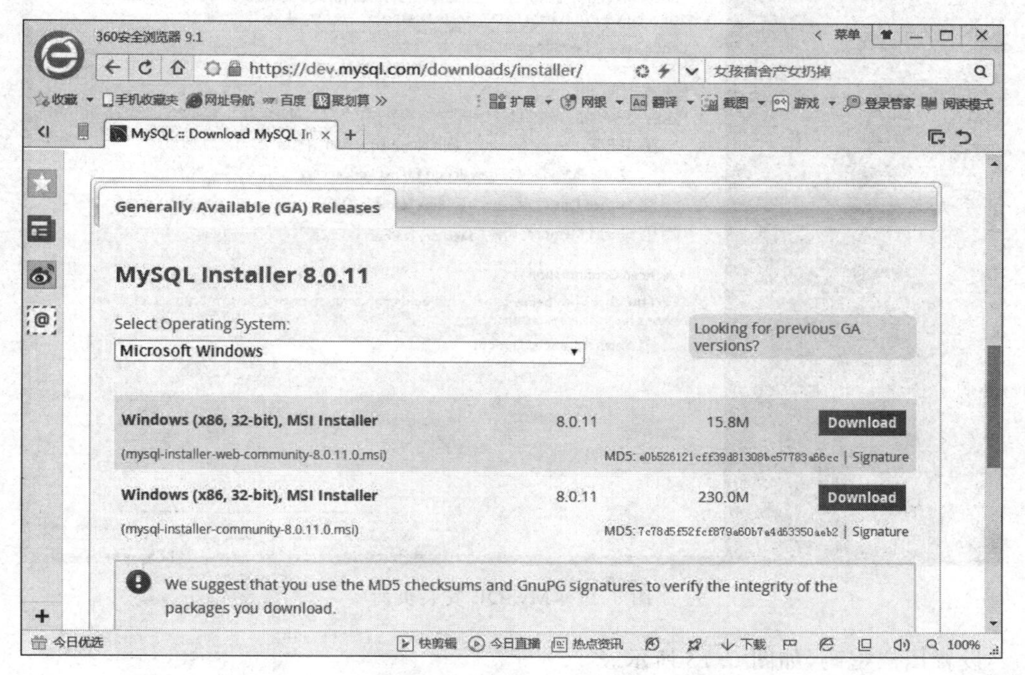

图 6.15 MySQL 安装页面

单击网页上的 No thanks,just start my download.,弹出“新建下载任务”对话框,单击“下载”按钮,如图 6.16 所示,下载 MySQL。

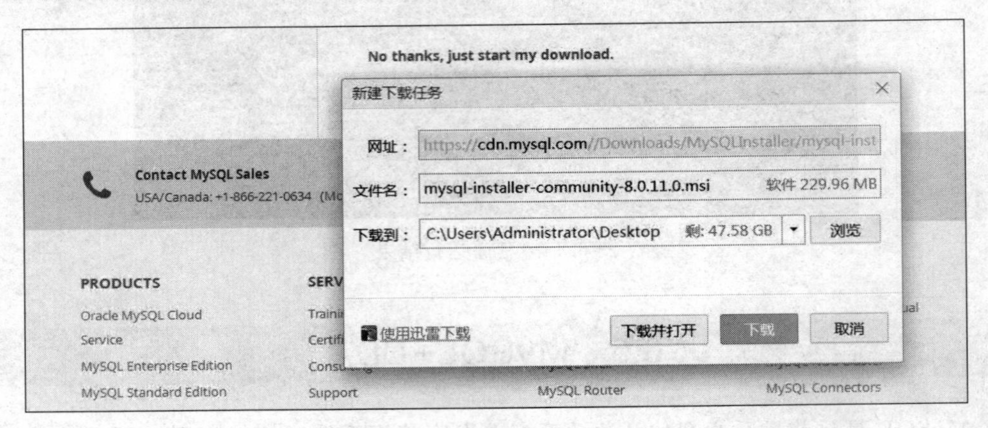

图 6.16 下载对应平台的 MySQL 版本

安装 MySQL,单击 Next 按钮,如图 6.17 所示。

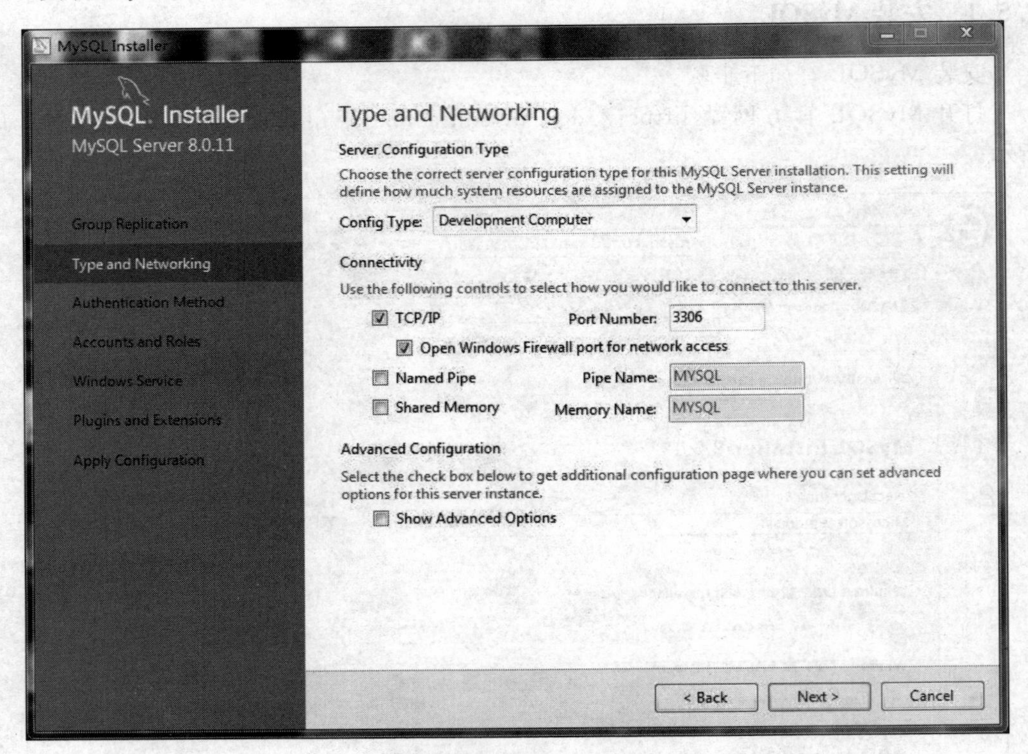

图 6.17 MySQL 安装页面

设置用户密码,如图 6.18 所示。

MySQL 安装成功,如图 6.19 所示。

配置环境变量,需要设计 MYSQL_HOME 和 Path 两个变量,如下所示。

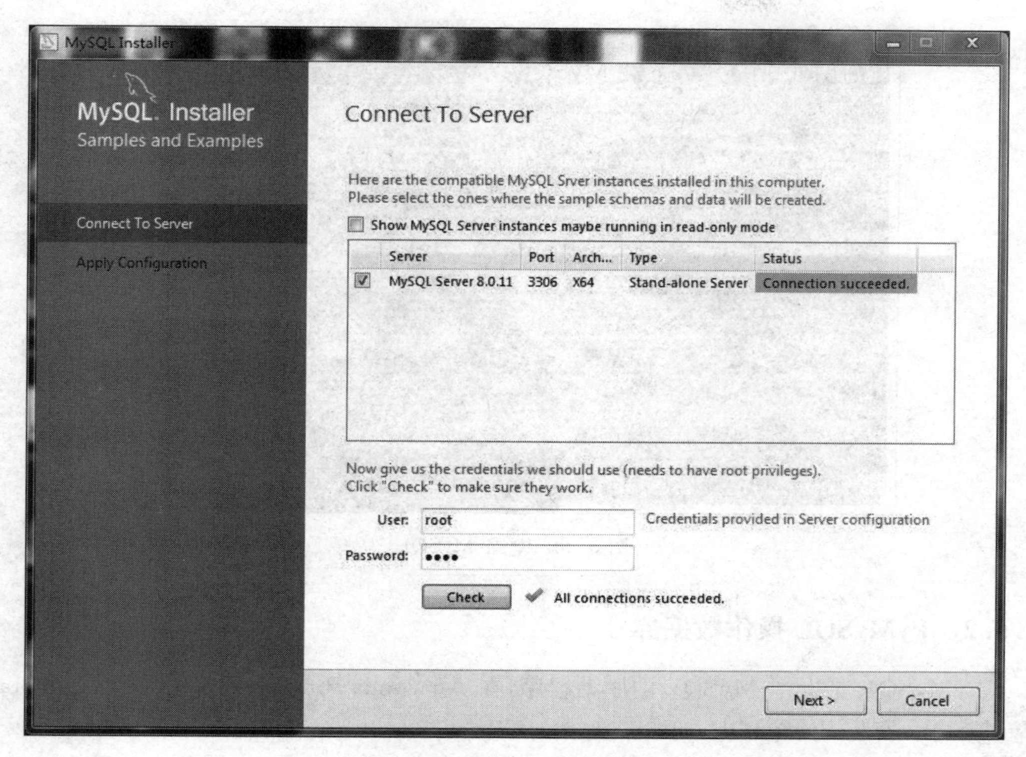

图 6.18 设置用户密码

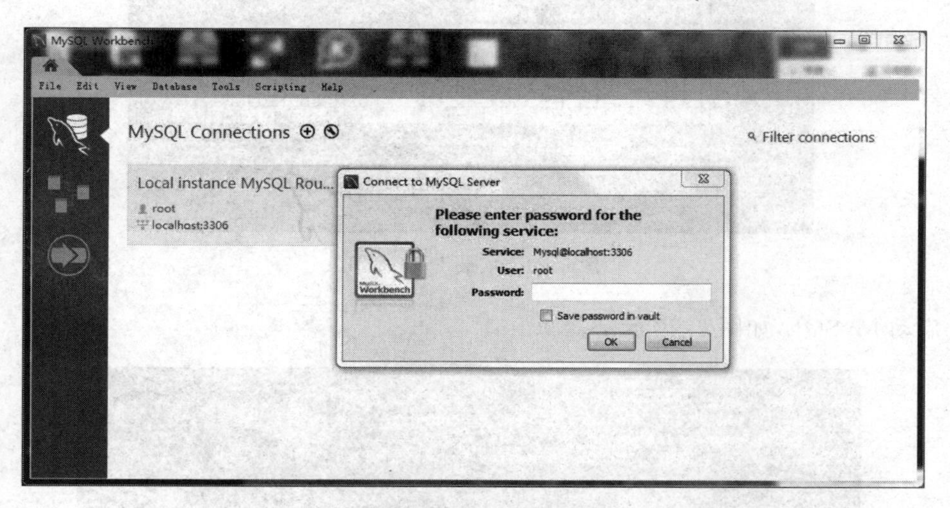

图 6.19 MySQL 安装成功

(1) 新建 MYSQL_HOME 变量，将值设置为 D:\Program Files\MySQL\MySQL Server 5.7。

(2) 编辑 Path 系统变量：在系统变量里找到 Path 变量，单击“编辑”按钮。

运行 MySQL，如图 6.20 所示。

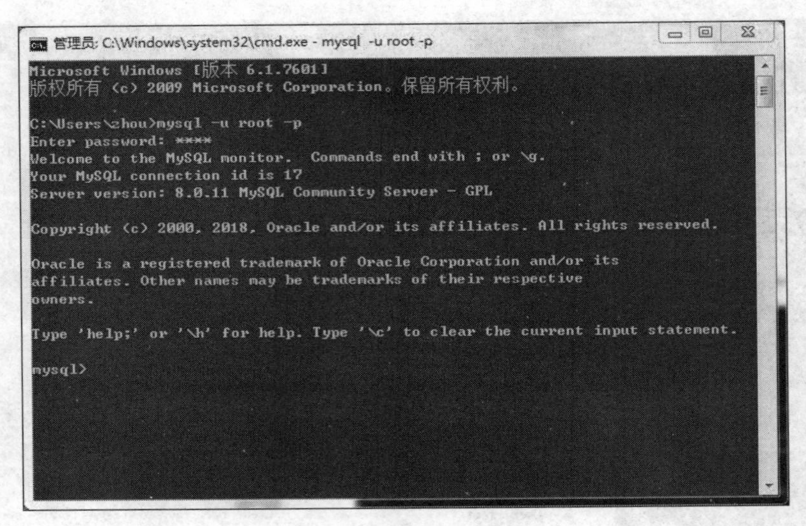

图 6.20　登录 MySQL

6.5.2　PyMySQL 操作数据库

PyMySQL 是操作 MySQL 的驱动程序,在 Anaconda Prompt 下使用命令 pip install PyMySQL,安装 PyMySQL,如图 6.21 所示。

```
(base) C:\Users\Administrator>pip install PyMySQL
Collecting PyMySQL
  Downloading PyMySQL-0.8.0-py2.py3-none-any.whl (83kB)
    49% |████████████████          | 40kB 148kB/s eta 0:0
    61% |████████████████████      | 51kB 164kB/s eta
    73% |████████████████████████  | 61kB 195kB/s
    86% |████████████████████████████ | 71kB 213
    98% |████████████████████████████████ | 81kB
   100% |████████████████████████████████| 92k
 255kB/s
Installing collected packages: PyMySQL
Successfully installed PyMySQL-0.8.0
You are using pip version 9.0.1, however version 9.0.3 is available.
You should consider upgrading via the 'python -m pip install --upgrade pip' com
and.
```

图 6.21　安装 PyMySQL

启动 MySQL,如图 6.22 所示。

```
(base) C:\Users\zhou>mysql -u root -p
Enter password: ****
Welcome to the MySQL monitor.  Commands end with ; or \g.
Your MySQL connection id is 8
Server version: 8.0.11 MySQL Community Server - GPL

Copyright (c) 2000, 2018, Oracle and/or its affiliates. All rights reserved.

Oracle is a registered trademark of Oracle Corporation and/or its
affiliates. Other names may be trademarks of their respective
owners.

Type 'help;' or '\h' for help. Type '\c' to clear the current input statement.
```

图 6.22　启动 MySQL

创建一个名为blog的数据库,如图6.23所示。

```
mysql> create database blog;
Query OK, 1 row affected (0.11 sec)
```

图6.23 创建一个名为blog的数据库

1. 创建数据库表

```
import pymysql
#打开数据库连接
conn=pymysql.connect(host='localhost', port=3306, user='root', passwd=' ',
db='blog', charset='utf8')
cursor=conn.cursor()              #使用cursor()方法创建一个游标对象cursor
#使用execute()方法执行SQL,如果表存在则删除
cursor.execute("DROP TABLE IF EXISTS EMPLOYEE")
#使用预处理语句创建表
sql="""CREATE TABLE EMPLOYEE (
       FIRST_NAME  CHAR(20) NOT NULL,
       LAST_NAME  CHAR(20),
       AGE INT,
       SEX CHAR(1),
       INCOME FLOAT)"""
cursor.execute(sql)               #执行SQL语句
conn.commit()                     #提交,不然无法保存新建或者修改的数据
cursor.close()                    #关闭游标
conn.close()                      #关闭数据库连接
```

2. 插入操作

使用INSERT语句向表EMPLOYEE插入记录,代码如下。

```
sql="""INSERT INTO EMPLOYEE(FIRST_NAME, LAST_NAME, AGE, SEX, INCOME)
       VALUES ('Mac', 'Mohan', 20, 'M', 2000)"""
try:
   cursor.execute(sql)
   conn.commit()
except:
   conn.rollback()
```

3. 查询操作

查询EMPLOYEE表中salary(工资)字段大于1000的所有数据,代码如下。

```
#SQL 查询语句
sql="SELECT * FROM EMPLOYEE  WHERE INCOME>'%d'" %(1000)
try:
```

```
    cursor.execute(sql)
    #将所有查询结果返回为元组
    results=cursor.fetchall()
    for row in results:
        fname=row[0]
        lname=row[1]
        age=row[2]
        sex=row[3]
        income=row[4]
        #打印结果
        print ("fname=%s,lname=%s,age=%d,sex=%s,income=%d" %(fname, lname, age,
        sex, income))
except:
    print ("Error: unable to fetch data")
```

4. 删除操作

删除数据表 EMPLOYEE 中 AGE 大于 20 的所有数据，代码如下。

```
#SQL 删除语句
sql="DELETE FROM EMPLOYEE WHERE AGE>'%d'" %(20)
try:
    cursor.execute(sql)
    conn.commit()
except:
conn.rollback()
```

5. 更新操作

实现将 TESTDB 表中的 SEX 字段全部修改为'M'，AGE 字段递增 1 的操作。

```
#SQL 更新语句
sql="UPDATE EMPLOYEE SET AGE=AGE+1 WHERE SEX='%c'" %('M')
try:
    cursor.execute(sql)
    conn.commit()
except:
    conn.rollback()
```

6.5.3 举例

【例 6.10】 数据库举例。

【解析】 本例共有 4 个文件，分别是 Sql. py、DatabaseInit. py、MysqlUtil. py 和 DataDrivenByMySQL. py。其中，Sql. py 用于编写创建数据库及数据表的 SQL 语句；DatabaseInit. py 用于编写初始化数据库；MysqlUtil. py 用于从数据库中获取测试数据；

DataDrivenByMySQL. py 用于编写执行数据驱动测试。

具体实现如下所示。

Sql. py 的代码如下所示。

```
#encoding=utf-8
create_database="create database if not exists gloryroad"
create_table="""drop table if exists testdata;
                create table testdata(
                      id int not null auto_increment comment "主键",
                      bookname varchar(40)  unique not null  comment "书名",
                      author varchar(30) not null comment "作者",
                      primary key(id)
                ) engine=innodb character set utf8 comment "测试数据表";
                """
```

DatabaseInit. py 的代码如下所示。

```
#encoding=utf-8
import MySQLdb
from sql import *
class DataBaseInit(object):
    def __init__(self, host, port, dbName, username, password, charset):
        self.host=host
        self.port=port
        self.dbName=dbName
        self.user=username
        self.passwd=password
        self.charset=charset
    def create(self):
        try:
            conn=MySQLdb.connect(
                host=self.host,
                port=self.port,
                db=self.dbName,
                user=self.user,
                passwd=self.passwd,
                charset=self.charset
            )
            cur=conn.cursor()
            cur.execute(create_database)
            conn.select_db("gloryroad")
            cur.execute(create_table)
        except MySQLdb.Error as e:
            raise e
        else:
```

```
                cur.close()
                conn.commit()
                conn.close()
                print("创建数据库及表成功")
        def insertDatas(self):
            try:
                conn=MySQLdb.connect(
                    host=self.host,
                    port=self.port,
                    db=self.dbName,
                    user=self.user,
                    passwd=self.passwd,
                    charset=self.charset
                )
                cur=conn.cursor()
                sql="insert into testdata(bookname,author)  values(%s,%s);"
                res=cur.executemany(sql,[('Python程序设计','周元哲'),
                                        ('Selenium WebDriver实战宝典','吴晓华'),
                                        ('软件测试习题解析与实验指导','周元哲')])
            except MySQLdb.Error as e:
                raise e
            else:
                conn.commit()
                print("数据插入成功")
                cur.execute("select * from testdata;")
                for i in cur.fetchall():
                    print(i[1], i[2])
                cur.close()
                conn.close()
if __name__=='__main__':
    db=DataBaseInit(
        host="localhost",
        port=3306,
        dbName="gloryroad",
        username="root",
        password="root",
        charset="utf8"
    )
    db.create()
    db.insertDatas()
    print("数据库初始化结束")
```

MysqlUtil.py的代码如下所示。

```
#encoding=utf-8
```

```
import MySQLdb
import DatabaseInit

class MyMySQL(object):
    def __init__(self, host, port, dbName, username, password, charset):
        dbInit=DatabaseInit.DataBaseInit(host, port, dbName, username,
        password, charset)
        dbInit.create()
        dbInit.insertDatas()
        self.conn=MySQLdb.connect(
            host=host,
            port=port,
            db=dbName,
            user=username,
            passwd=password,
            charset=charset
        )
        self.cur=self.conn.cursor()
    def getDataFromDataBases(self):
        self.cur.execute("select bookname,author from testdata")
        datasTuple=self.cur.fetchall()
        return datasTuple
    def closeDatabase(self):
        self.cur.close()
        self.conn.commit()
        self.conn.close()
if __name__=='__main__':
    db=MyMySQL(
        host="localhost",
        port=3306,
        dbName="gloryroad",
        username="root",
        password="root",
        charset="utf8"
    )
    print(db.getDataFromDataBases())
    db.closeDatabase()
```

DataDrivenByMySQL.py 的代码如下所示。

```
#encoding=utf-8
from selenium import webdriver
import unittest
import time
import logging
```

```
import traceback
import ddt
import MysqlUtil
from selenium.common.exceptions import NoSuchElementException
logging.basicConfig(
    level=logging.INFO,
    format="""%(asctime)s %(filename)s [line:%(lineno)d] %(levelname)s %(message)s',
            datefmt='%a,%Y-%m-%d %H:%M:%S',
            filename='d:/DataDrivenTesting/dataDrivenReport.log',
            filemode='w'"""
)
def getTestDatas():
    db=MysqlUtil.MyMySQL(
        host="localhost",
        port=3306,
        dbName="gloryroad",
        username="root",
        password="root",
        charset="utf8"
    )
    testData=db.getDataFromDataBases()
    db.closeDatabase()
    return testData
@ddt.ddt
class TestDemo(unittest.TestCase):
    def setUp(self):
        self.driver=webdriver.Chrome()

    @ddt.data(*getTestDatas())
    def test_dataDrivenByDatabase(self, data):
        testData, expectData=data
        url="http://www.baidu.com"
        self.driver.get(url)
        self.driver.maximize_window()
        print(testData, expectData)
        self.driver.implicitly_wait(10)
        try:
            self.driver.find_element_by_id("kw").send_keys(testData)
            self.driver.find_element_by_id("su").click()
            time.sleep(3)
            self.assertTrue(expectData in self.driver.page_source)
        except NoSuchElementException as e:
            logging.error(u"查询的页面元素不存在,异常堆栈信息"+
            str(traceback.format_exc()))
```

```
        except AssertionError as e:
            logging.info(u"搜索 '%s',期望 '%s',失败" %(testData, expectData))
        except Exception as e:
            logging.error(u"未知错误："+str(traceback.format_exc()))
        else:
            logging.info(u"搜索 '%s',期望 '%s',通过" %(testData, expectData))

    def tearDown(self):
        self.driver.quit()


if __name__=='__main__':
    unittest.main()
```

日志结果如图 6.24～图 6.27 所示。

```
创建数据库及表成功
数据插入成功
Python程序设计 周元哲
Selenium WebDriver 实战宝典 吴晓华
软件测试习题解析与实验指导 周元哲OK
Python程序设计 周元哲
```

图 6.24　日志运行结果 1

```
Message: "搜索 'Python程序设计',期望 '周元哲' ,失败"
Arguments: ()
```

图 6.25　日志运行结果 2

```
Message: "搜索 'Selenium WebDriver 实战宝典',期望 '吴晓华' ,通过"
Arguments: ()
```

图 6.26　日志运行结果 3

```
Message: "搜索 '软件测试习题解析与实验指导',期望 '周元哲' ,通过"
Arguments: ()
```

图 6.27　日志运行结果 4

6.6 习　题

1. DDT 是什么意思？有什么作用？
2. 实现本章所有例题。

Python与UIAutomator测试

Android 用户界面(Android UI)测试是移动测试的重要组成内容。本章首先介绍 App 测试相关内容、Android UI 的测试框架,其次介绍 Android 的两种开发环境和 SDK、ADT、ADB 等,最后讲解 Python-UIAutomator 库和 UIAutomatorViewer 的操作流程。

7.1 App 测试

7.1.1 简介

App 测试即手机应用测试,可以分为开发者自行测试和软件测试框架。开发者自行测试就是 Android Studio 的单元测试。App 测试包括 UI 测试、功能测试、性能测试、兼容性测试、安全测试等,如下所示。

1. UI 测试

测试用户界面(菜单、对话框、窗口和其他控件)布局、风格是否满足要求,文字是否正确,页面是否美观,文字、图片组合是否完美,操作是否友好等。UI 测试的目标是确保用户界面通过测试对象的功能为用户提供相应的访问或浏览功能,确保用户界面符合公司或行业的标准。包括用户友好性、人性化、易操作性的测试等。

UI 测试包括导航测试、图形测试和内容测试等。

(1) 导航测试。

① 不同页面间是否连接。

② 是否易于导航,导航是否直观。

③ 是否需要搜索引擎。

④ 导航帮助是否准确直观。

⑤ 导航与页面结构、菜单、连接页面的风格是否一致。

(2) 图形测试。

① 自适应界面设计,内容根据窗口大小自适应。

② 页面标签风格是否统一。

③ 页面是否美观。

④ 页面的图片应有实际意义,要求整体有序美观。

(3) 内容测试。

① 输入框说明文字的内容与系统功能是否一致。

② 文字长度是否加以限制。

③ 文字内容是否表意不明。

④ 是否有错别字。

⑤ 信息是否为中文显示。

2. 功能测试

根据软件说明或用户需求验证 App 的各个功能实现,采用如下方法实现并评估功能测试过程:

(1) 采用时间、地点、对象、行为和背景五元素或业务分析等方法分析、提炼 App 的用户使用场景,对比说明或需求,整理出内在、外在及非功能直接相关的需求,构建测试点,并明确测试标准。

(2) 根据被测功能点的特性列出相应类型的测试用例,对其进行覆盖,如设计输入的地方需要考虑等价、边界、负面、异常、非法、场景回滚、关联测试等测试类型,对其进行覆盖。

(3) 在测试实现的各个阶段跟踪测试实现与需求输入的覆盖情况,及时修正业务或需求理解错误。

3. 性能测试

性能测试包括响应能力测试和压力测试。

(1) 响应能力测试是指测试 App 中的各类操作是否满足用户响应时间要求。例如,App 安装、卸载的响应时间,各类功能性操作的响应时间。

(2) 压力测试是指反复/长期操作下系统资源是否占用异常。例如,对于 App 反复进行安装卸载,检查系统资源是否正常。

4. 兼容性测试

在不同品牌机型上的安装、单击和卸载是否正常;在不同品牌机型上的各个属性是否兼容。

5. 安全测试

安全测试包括如下内容:

(1) 发送信息,拨打电话,链接网络,访问手机信息、联系人信息和设置权限等。

(2) 执行某些操作时导致的输入有效性验证、授权、数据加密等。

(3) 将网络协议的测试、防止恶意的协议发送到服务器。

7.1.2 Android UI 测试框架

Android UI 测试通过测试键盘输入,或工具栏、菜单、对话框、图像等用户界面控件的属性和行为，确保在用户界面操作的正确输出，确保用户在 Android App 上的 UI 动作能返回正确的 UI 输出。

Android UI 测试框架有 MonkeyRunner、Espresso、UIAutomator、Appium 等。

(1) MonkeyRunner 是 Android SDK 提供的测试工具。严格意义上来说，MonkeyRunner 其实是一个应用程序编程接口（application programming interface，API）工具包，比 Monkey 强大，可以编写测试脚本来自定义数据、事件，脚本用 Python 来写。

(2) UIAutomator 也是 Android 提供的自动化测试框架，基本支持所有的 Android 事件操作，相比 MonkeyRunner，UIAutomator 接口丰富易用，可以支持所有 Android 事件操作。事件操作不依赖于控件坐标，可以通过断言和截图验证正确性，非常适合做 UI 测试。UIAutomator 不需要测试人员了解代码实现细节，属于功能测试。其测试代码结构简单，容易编写。缺点是只支持 SDK 16(Android 4.1)及以上版本，不支持 Hybird App、WebApp。

(3) Espresso 是 Google 的开源自动化测试框架。相对于 UIAutomator，Espresso 的规模更小、更简洁，API 更加精确，编写测试代码简单，容易快速上手。

(4) Appium 作为当前最热门的移动测试框架，功能强大，支持 Native App、Hybird App、Web App；支持 Android、iOS、Firefox OS 操作系统；支持很多语言来编写测试脚本，如 Java、JavaScript、PHP、Python、C＃、Ruby 等主流语言。

本书重点介绍 UIAutomator 和 Appium 两种主要测试框架。

7.1.3 Web 测试与 App 测试关系

Web 测试与 App 测试存在如下一些差异。

1. 测试工具不同

在 Web 测试上，测试人员一般使用 UFT 或 Selenium 等作为自动化测试工具，而移动应用上一般采用 Appium 等工具。

2. 测试平台不同

在 Web 测试上，一般测试平台为 Windows、Mac、Linux 上，移动应用关注平台为 iOS、Android、Firefox OS 等。

3. 技术成熟度不同

Appium 支持 Selenium WebDriver 支持的所有语言，如 Java、Object-C、Java、PHP、Python、Ruby、C＃或者 Perl 语言，更可以使用 Selenium WebDriver 的 API，实现了真正的跨平台自动化测试。

7.2 两种开发环境

Android App 的开发环境往往有 Eclipse 和 Android Studio 两种，早期使用 Eclipse，配置较为繁杂；而 Android Studio 作为集成的开发环境，方便 Android App 的开发。

7.2.1 Eclipse 环境

下载 JDK 进行安装，打开环境变量对话框，如图 7.1 所示。

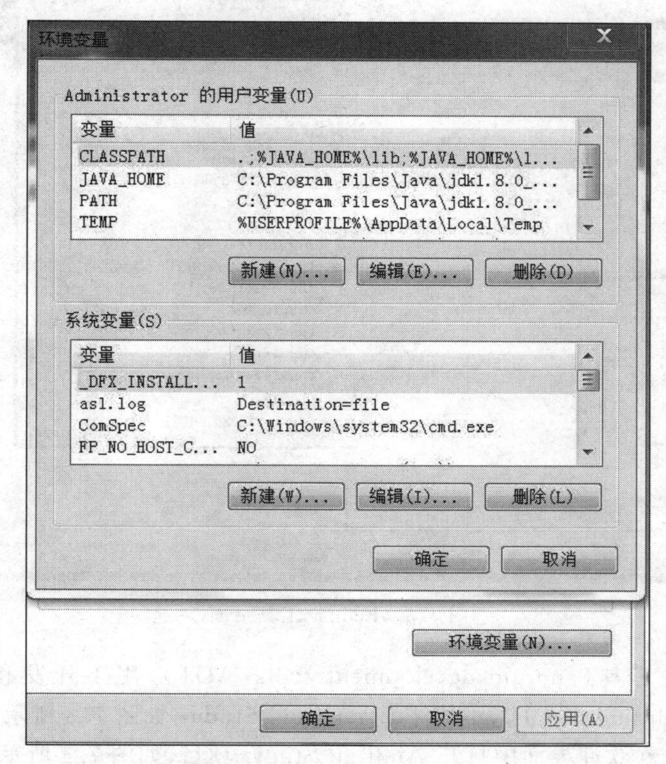

图 7.1　JDK 中“环境变量”对话框

环境变量配置步骤如下所示。

步骤 1：新建变量 JAVA_HOME，赋值如下所示。

```
C:\Program Files\Java\jdk1.8.0_151\bin
```

步骤 2：新建变量 PATH，赋值如下所示。

```
C:\Program Files\Java\jdk1.8.0_151\bin;%JAVA_HOME%\bin
```

步骤 3：新建变量 CLASSPATH，赋值如下所示。

```
.;%JAVA_HOME%\lib;%JAVA_HOME%\lib\tools.jar
```

Eclipse 作为基于 Java 的可扩展开发平台，不只是一个框架和一组服务，还附带了标准的插件集，包括 Java 开发工具（Java Development Kit，JDK）。Eclipse 的工具页面如图 7.2 所示。

7.2.2 Android Studio

Android Studio 是谷歌推出的 Android 的集成开发工具，基于 IntelliJ IDEA，类似

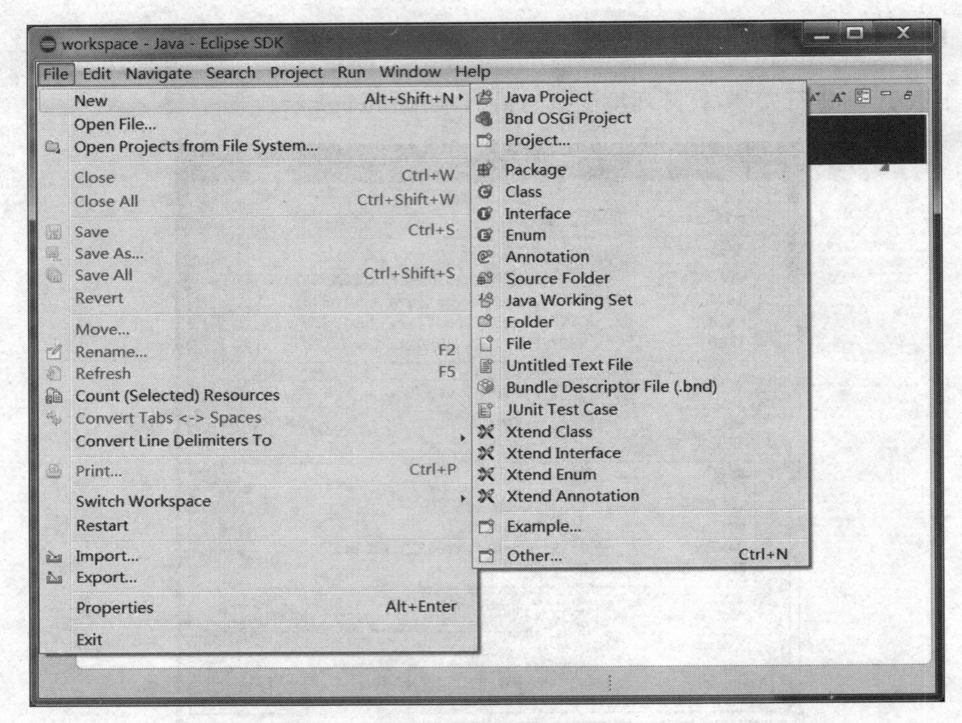

图 7.2 Eclipse 工具页面

Eclipse 安卓开发工具(android development tools,ADT),用于开发和调试。在网址 http://www.androiddevtools.cn/中下载 Android Studio,如图 7.3 所示。

安装完成后,在欢迎界面中打开 Android Studio 项目,如图 7.4 所示。

【例 7.1】 HelloWorld 实例。

创建 Android 虚拟设备 AVD(Android Virtual Device),按照 app→res→layout 的顺序创建 activity_main.xml 文件,内容如下。

```
<RelativeLayout xmlns:android="http://schemas.android.com/apk/res/android"
  xmlns:tools="http://schemas.android.com/tools" android:layout_width=
  "match_parent"
  android:layout_height="match_parent" android:paddingLeft="@dimen/
  activity_horizontal_margin"
  android:paddingRight="@dimen/activity_horizontal_margin"
  android:paddingTop="@dimen/activity_vertical_margin"
  android:paddingBottom="@dimen/activity_vertical_margin" tools:context=
  ".MainActivity">
 <TextView android:text="@string/hello_world"
     android:layout_width="550dp"
     android:layout_height="wrap_content" /></RelativeLayout>
```

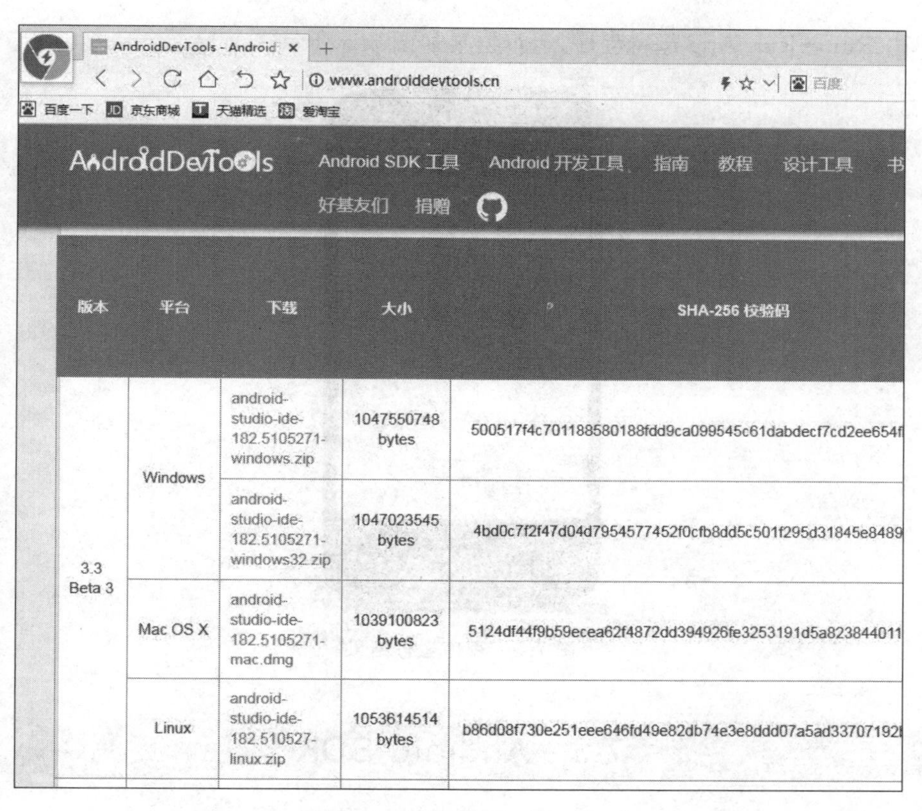

图 7.3 下载 Android Studio

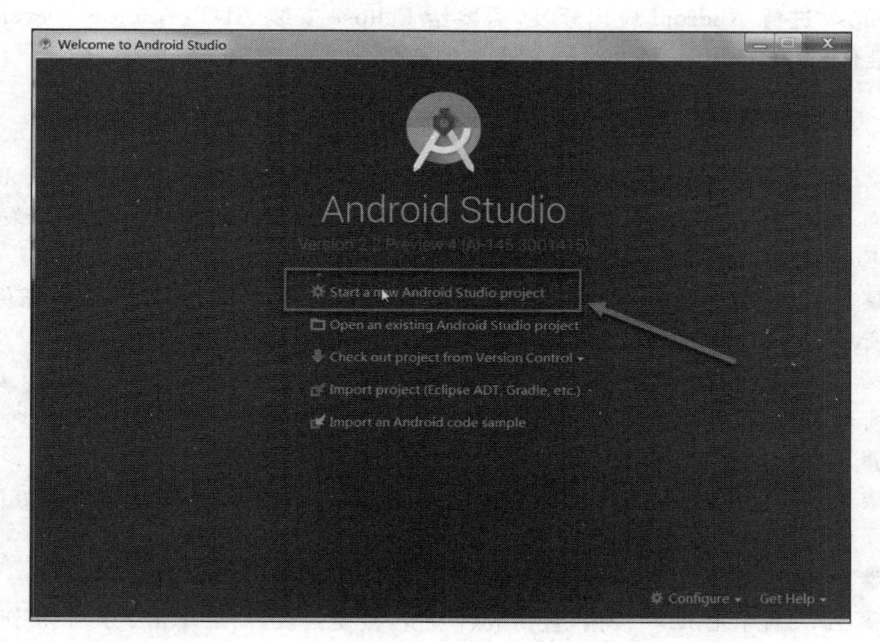

图 7.4 新建 Android Studio 项目

单击 Run→Run App 运行程序，运行结果如图 7.5 所示。

图 7.5　程序运行结果

7.3　Android SDK

Android SDK(Software Development Kit)软件开发工具包下载后，直接解压使用。使用 Eclipse 进行 Android 应用开发，需要给 Eclipse 安装 ADT(Android Development Tools)插件，建立 Eclipse 和 Android SDK 的连接。

7.3.1　安装 ADT

安卓开发工具作为 Eclipse IDE 集成的工具，ADT 可以快速实现新建 Android 项目、创建界面、调试程序、导出 Android 安装包(Android Package，APK)等一系列开发任务。

在 Eclipse 中添加 ADT，步骤如下所示。

步骤 1：在网址 http://www.androiddevtools.cn/中下载 ADT Plugin 插件包，如图 7.6 所示，下载 ADT-23.0.6 文件。

步骤 2：打开 Eclipse 软件，单击 Help→Install New Software，弹出 Install 页面，如图 7.7 所示。

步骤 3：单击 Add 按钮，弹出 Add Repository 对话框，如图 7.8 所示。

步骤 4：在 Add Repository 对话框中单击 Archive…按钮，选择已经下载好的 ADT 压缩包。填写 Name，建议为“ADT-版本号”，如 ADT-23.0.6，如图 7.9 所示。

步骤 5：选中 Developer Tools，单击 Next 按钮，如图 7.10 所示。

步骤 6：一直单击 next 按钮，直到最后一步，接受协议，然后单击 Finish 按钮结束安装，如图 7.11 所示。

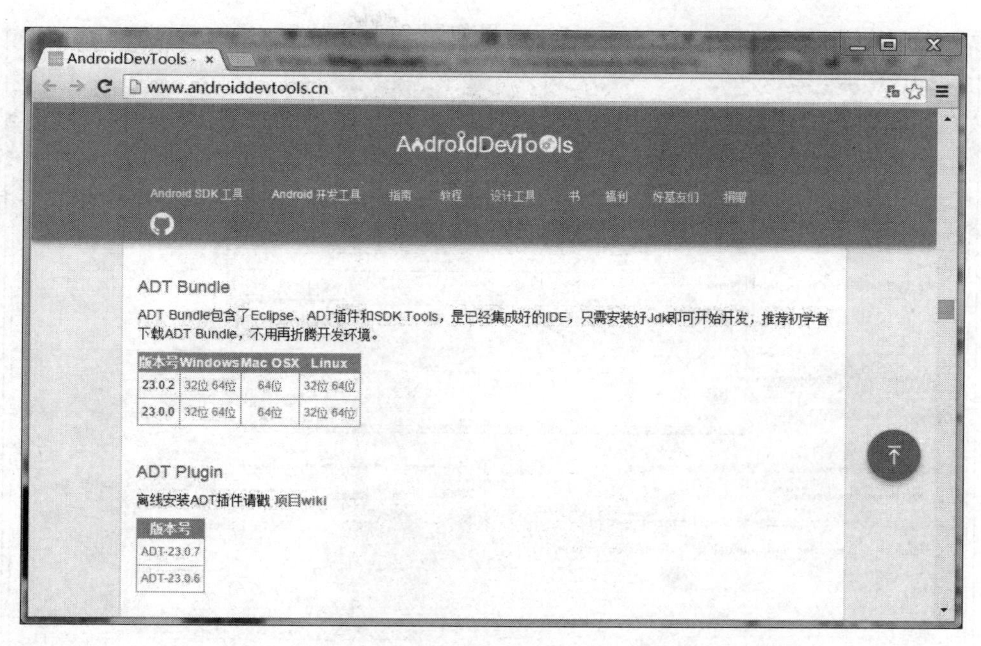

图 7.6 下载 ADT-23.0.6 文件

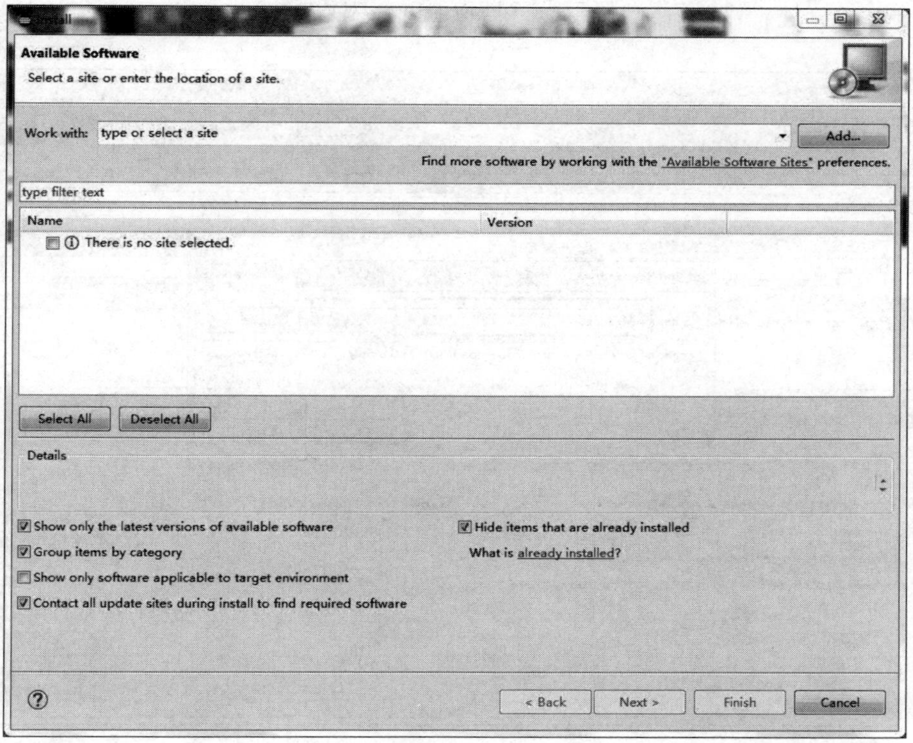

图 7.7 Install 页面

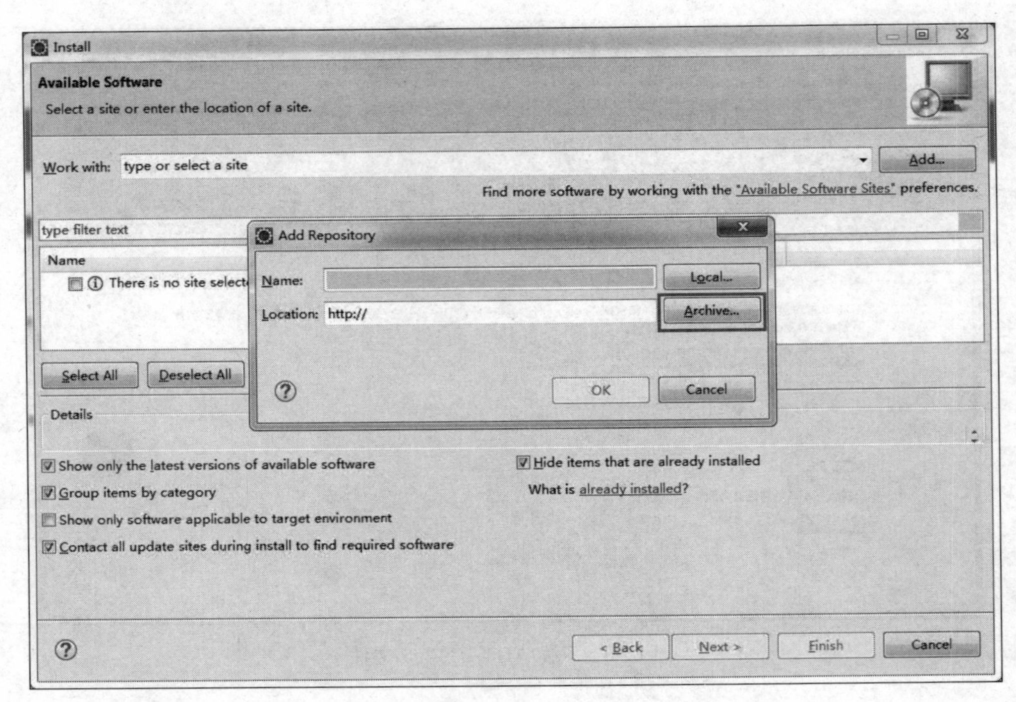

图 7.8　Add Repository 对话框

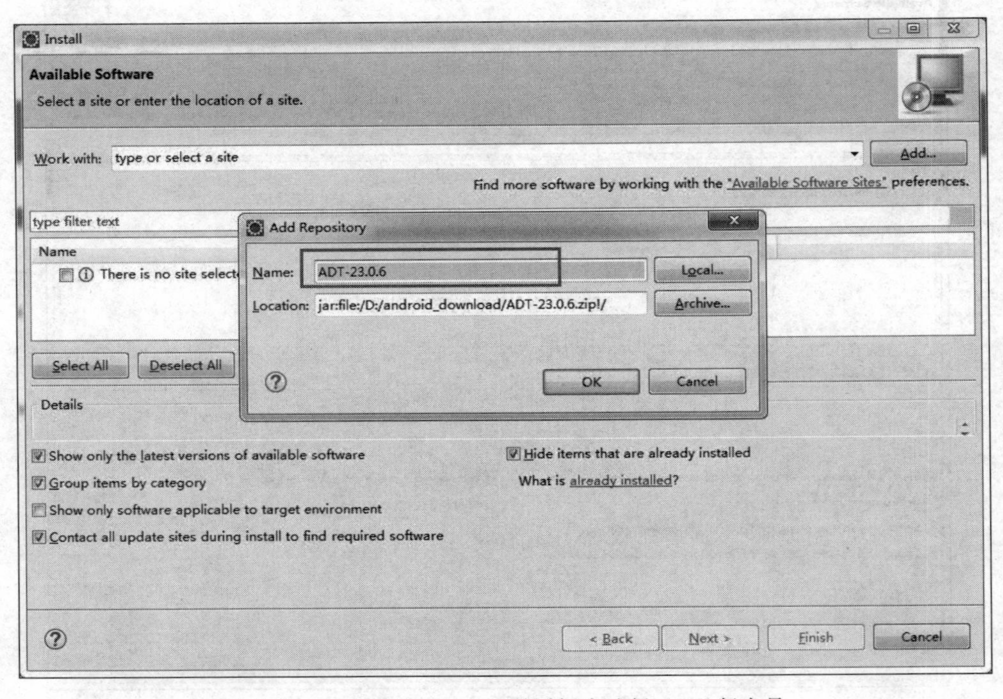

图 7.9　在 Add Repository 对话框中选择 ADT 版本号

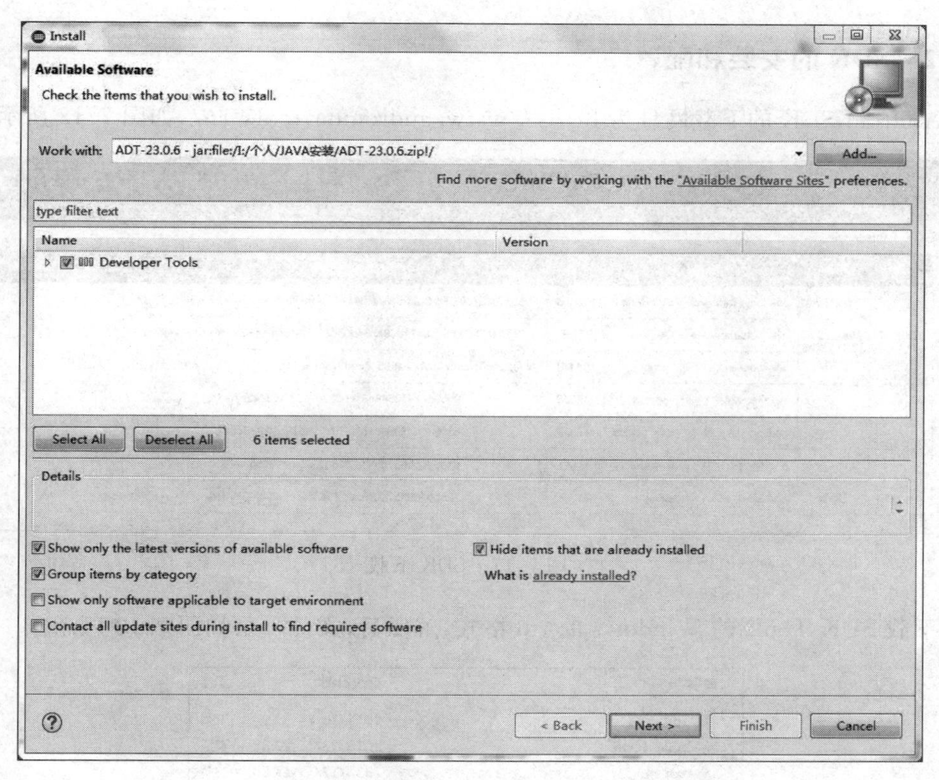

图 7.10　选中 Developer Tools 工具

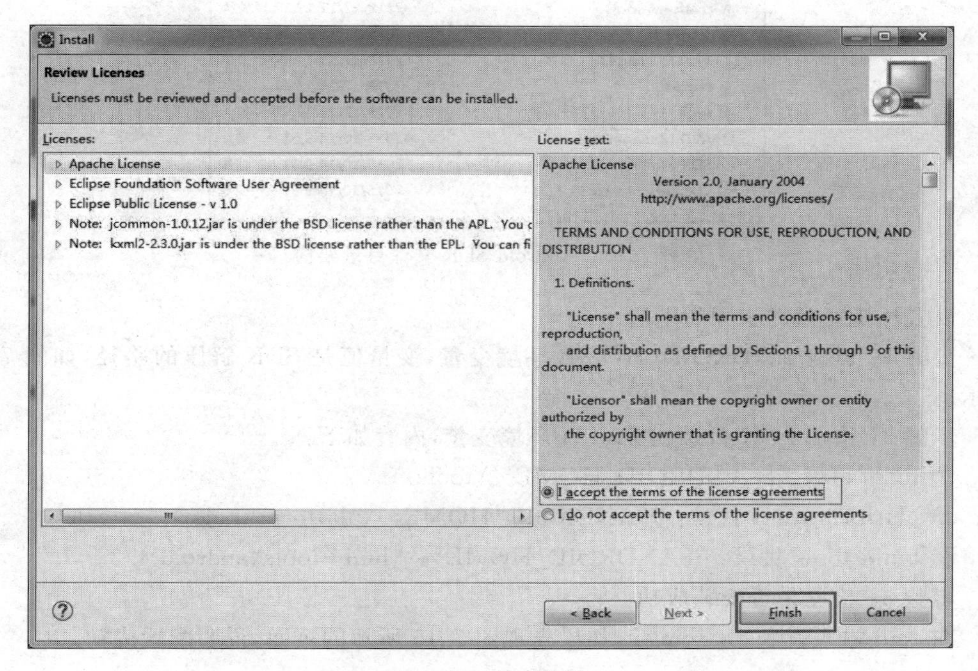

图 7.11　结束安装

7.3.2 SDK 的安装和配置

Android SDK 的下载网址为 http://www.androiddevtools.cn/,如图 7.12 所示。

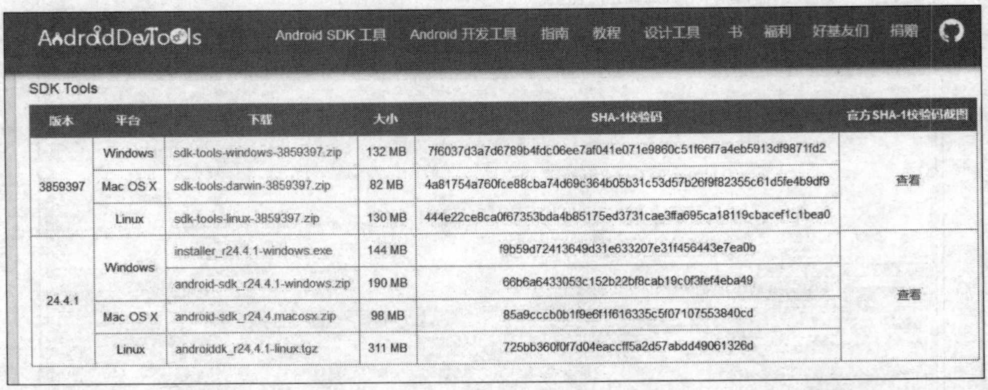

AndroidDevTools　Android SDK 工具　Android 开发工具　指南　教程　设计工具　书　福利　好基友们　捐赠

SDK Tools

版本	平台	下载	大小	SHA-1校验码	官方SHA-1校验码截图
3859397	Windows	sdk-tools-windows-3859397.zip	132 MB	7f6037d3a7d6789b4fdc06ee7af041e071e9860c51f66f7a4eb5913df9871fd2	查看
	Mac OS X	sdk-tools-darwin-3859397.zip	82 MB	4a81754a760fce88cba74d69c364b05b31c53d57b26f9f82355c61d5fe4b9df9	
	Linux	sdk-tools-linux-3859397.zip	130 MB	444e22ce8ca0f67353bda4b85175ed3731cae3ffa695ca18119cbacef1c1bea0	
24.4.1	Windows	installer_r24.4.1-windows.exe	144 MB	f9b59d72413649d31e633207e31f456443e7ea0b	查看
		android-sdk_r24.4.1-windows.zip	190 MB	66b6a6433053c152b22bf8cab19c0f3fef4eba49	
	Mac OS X	android-sdk_r24.4.macosx.zip	98 MB	85a9cccb0b1f9e6f1f616335c5f07107553840cd	
	Linux	androiddk_r24.4.1-linux.tgz	311 MB	725bb360f0f7d04eaccff5a2d57abdd49061326d	

图 7.12　SDK 下载

下载 SDK Tools 的 Windows 的 zip 格式,解压后,文件目录如图 7.13 所示。

名称	修改日期	类型
add-ons	2015/10/14 9:51	文件
build-tools	2018/12/11 17:33	文件
extras	2018/12/11 17:38	文件
platforms	2018/12/11 17:34	文件
platform-tools	2018/12/11 17:33	文件
sources	2018/12/11 17:34	文件
system-images	2018/12/11 17:44	文件
temp	2018/12/11 18:01	文件
tools	2018/12/11 17:41	文件
AVD Manager.exe	2015/10/14 9:51	应用
SDK Manager.exe	2015/10/14 9:51	应用
SDK Readme.txt	2015/10/14 9:51	文本

图 7.13　Android SDK 文件目录架构

设置环境变量的步骤如下所示:

步骤 1:新建 ANDROID_HOME 环境变量,变量值是 SDK 解压的路径,如图 7.14 所示。

步骤 2:追加 SDK 目录到 PATH 环境变量,内容如下:

① tools 目录:%ANDROID_HOME%\tools。

② platform-tools 目录:%ANDROID_HOME%\platform-tools。

③ build-tools 目录:%ANDROID_HOME%\\build-tools\android-4.3。

步骤 3:检测是否安装成功。

在 cmd 输入命令 android -h,如果出现图 7.15 所示的页面,说明配置成功。

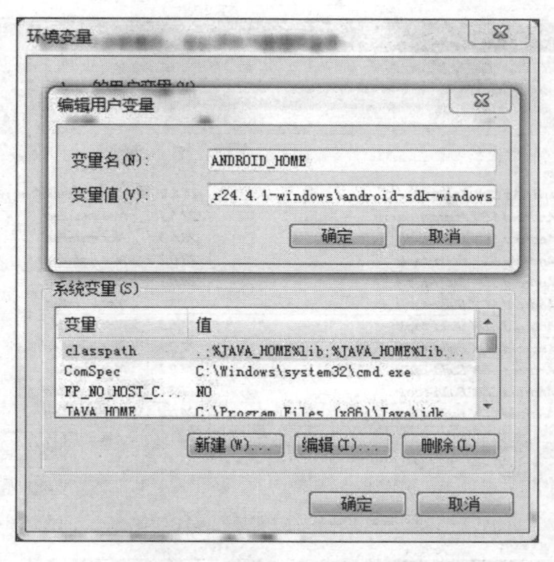

图 7.14　新建 ANDROID_HOME 环境变量

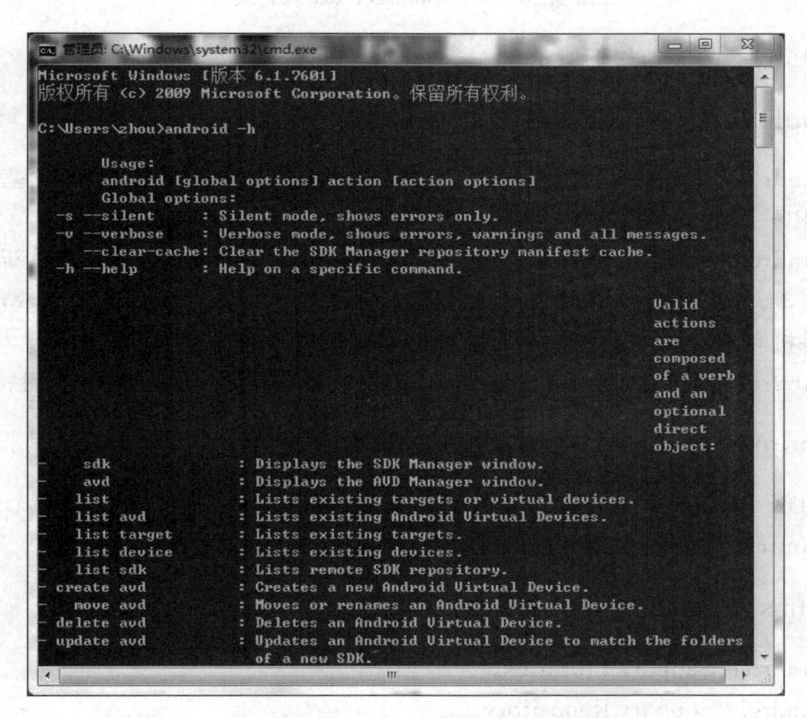

图 7.15　配置 ANDROID_HOME 环境变量成功

7.3.3　SDK Manager

Android SDK Manager 是 Android 开发工具包管理器，执行 SDK Manager.exe 命令，效果如图 7.16 所示。

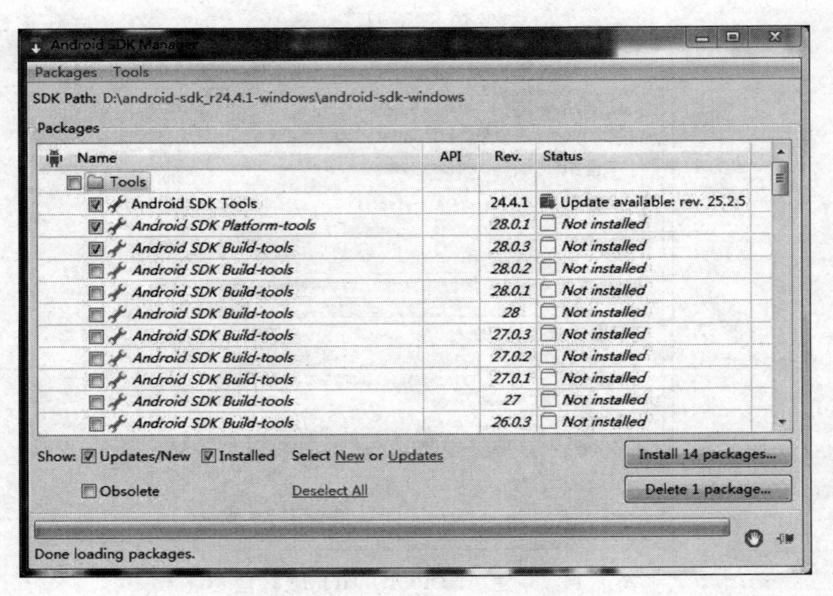

图 7.16　SDK Manager. exe 执行效果

图 7.16 包括的文档如下所示。

1. Tools 目录(必须的工具)

(1) Android SDK Tools(必需,只需下载一个版本,一般选最新版本):基础工具包,版本号带 RC 字样的是预览版。

(2) Android SDK Platform-tools(必需,只需下载一个版本,一般选最新版本):从 Android 2.3 开始存放公用开发工具,例如 ADB(Android Debug Bridge,用于连接 Android 手机和 PC 端)、SQLite(Python 3 自带的数据库引擎)等。

(3) Android SDK Build-tools(必需,可以安装多个版本):Android 项目构建工具。

2. Android xxx(API xx)目录(可选的各平台开发工具)

(1) SDK Platform(必需):对应平台的开发工具,需要哪个版本下载哪个版本。

(2) Sources for Android SDK(可选):安卓 API 的源代码,推荐安装。

3. Extras 目录(可选的扩展)

(1) Android Support Libraries。

(2) Android Support Repository。

单击 Install 按钮,如图 7.17 所示。

安装后 Android SDK 的根目录下同时具有 tools 和 platform-tools 两个目录,如图 7.18 所示。

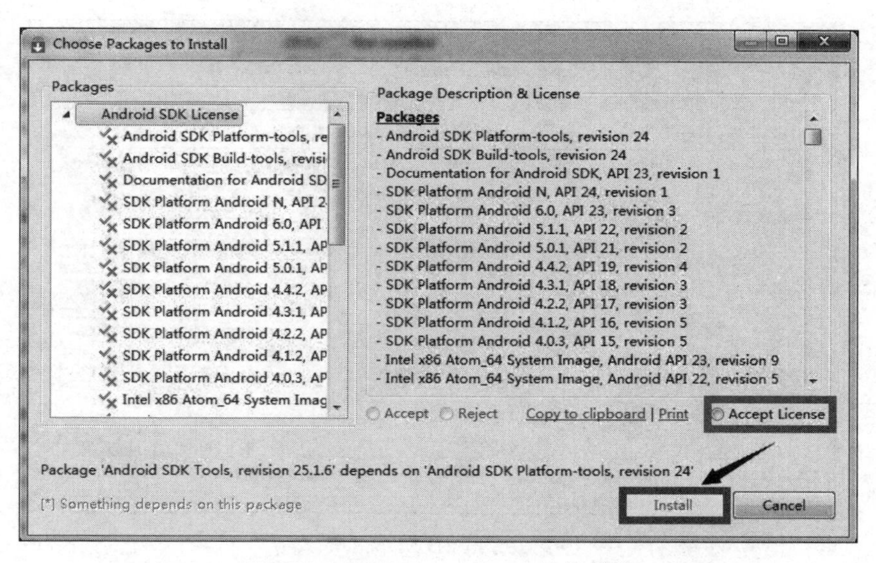

图 7.17　SDK Manager. exe 执行效果

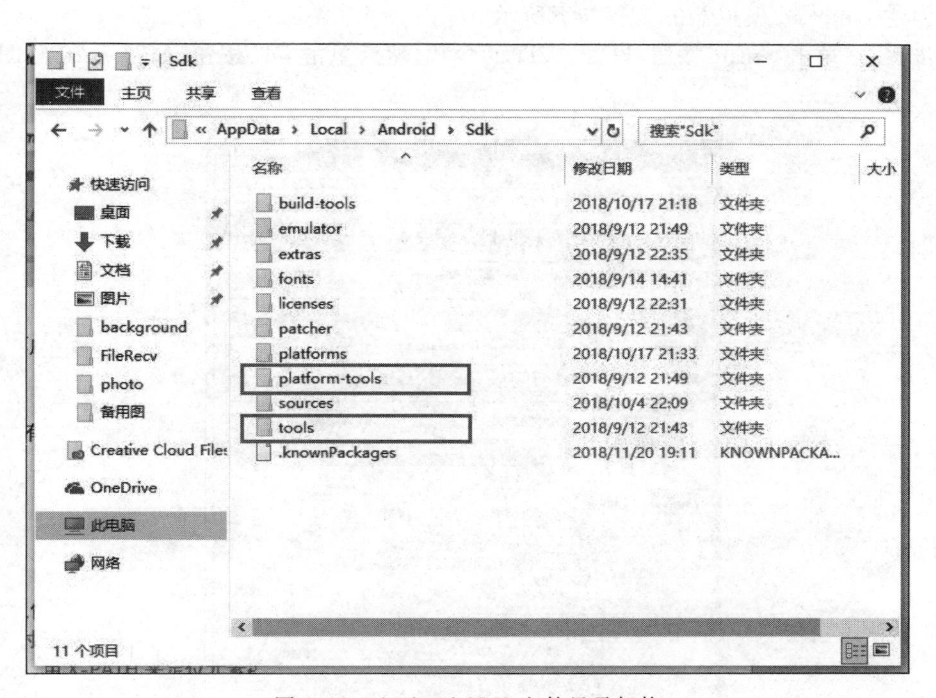

图 7.18　Android SDK 文件目录架构

7.3.4　Android 模拟器

Android 模拟器是 Android Virtual Device Manager，缩写为 AVD，译为虚拟驱动管理器，用于在电脑上预览、开发和测试 Android 应用程序。打开下载的 SDK Tools 中的 AVD Manager. exe，执行效果如图 7.19 所示。

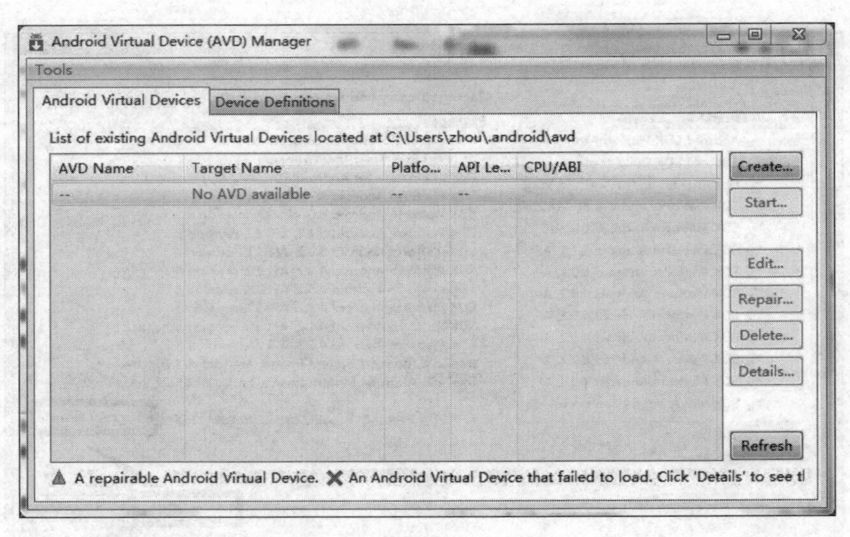

图 7.19　AVD Manager. exe

创建 Android 模拟器的步骤如下所示。

步骤 1：单击 Create 按钮，设置 AVD 的参数，然后单击 OK 按钮，如图 7.20 和图 7.21 所示。

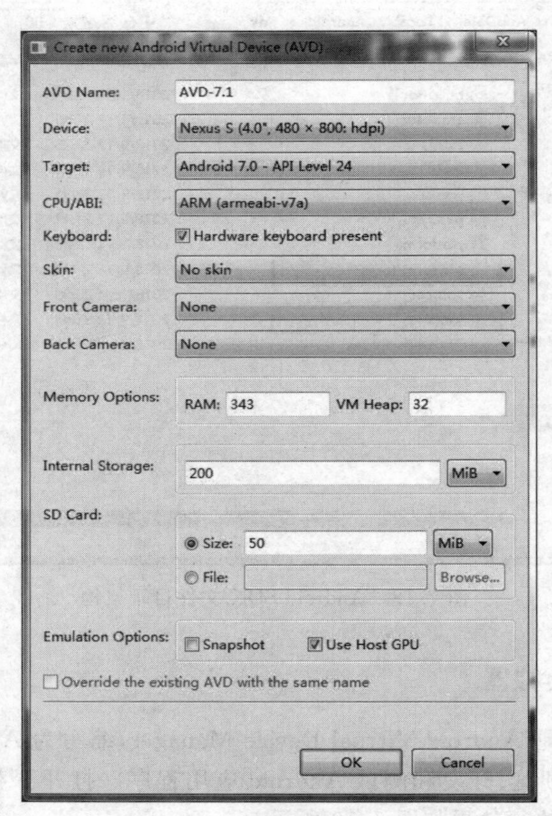

图 7.20　设置 AVD 参数 1

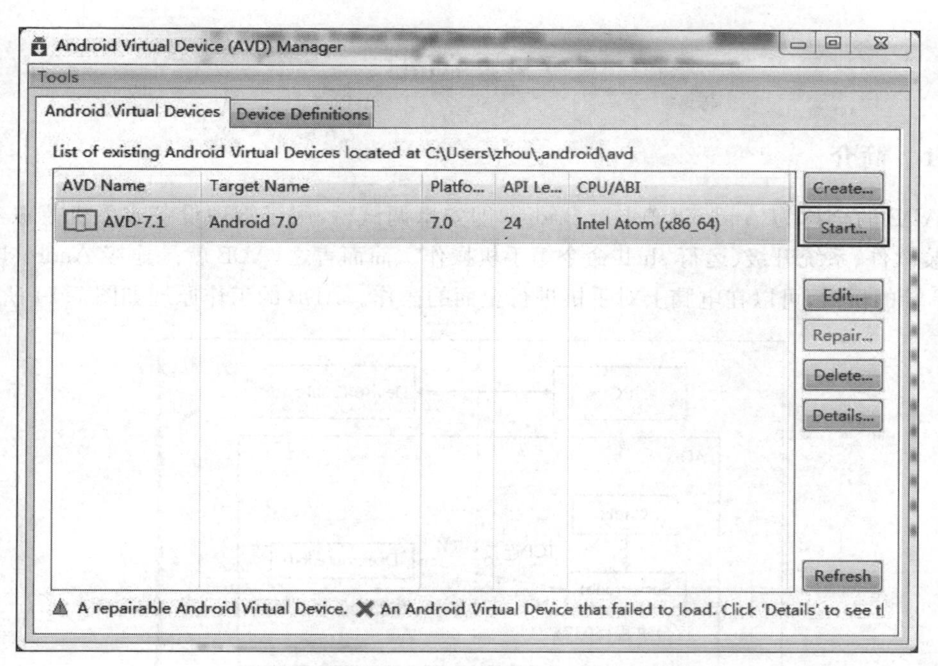

图 7.21　设置 AVD 参数 2

步骤 2：单击 Start…按钮，弹出 Launch Options 对话框，如图 7.22 所示。

步骤 3：单击 Launch 按钮，启动 Android 模拟器，如图 7.23 所示。

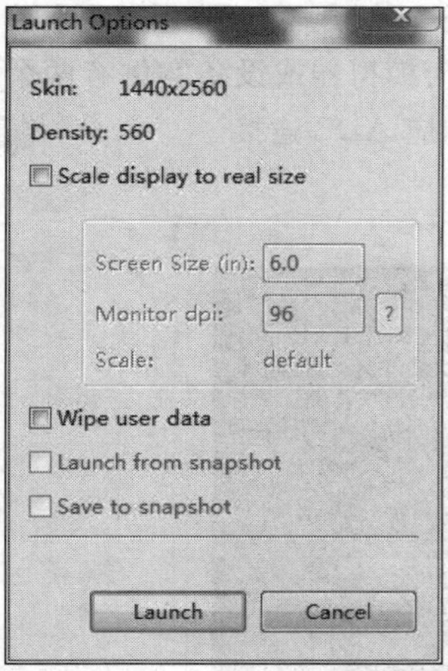

Launch Options
Skin: 1440x2560
Density: 560
Scale display to real size
Screen Size (in): 6.0
Monitor dpi: 96
Scale: default
Wipe user data
Launch from snapshot
Save to snapshot
Launch
Cancel

图 7.22　Launch Options 对话框

图 7.23　启动 Android 模拟器截图

7.4 ADB

7.4.1 简介

ADB 的全称为 Android Debug Bridge，即安卓调试桥，用于管理设备或手机模拟器，进行安装软件、系统升级、运行 shell 命令等手机操作。简而言之，ADB 就是连接 Android 手机和 PC 端的桥梁，可以在电脑上对手机进行全面的操作。ADB 的工作原理如图 7.24 所示。

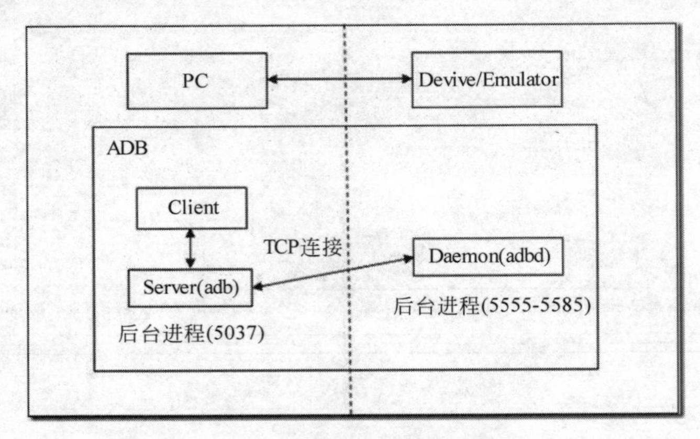

图 7.24　ADB 的工作原理图

ADB 由 Client、Server、Daemon 三个组件组成，具体运行过程如下所示。

启动 ADB Client，Client 确认是否已有 ADB Server 进程，如果没有，则会启动 Server 进程，绑定 5037 端口，监听 ADB Client 发来的命令。

(2) Server 会扫描 5555～5585 范围内的所有奇数端口来定位模拟器或设备，并与之建立连接。一旦 Server 找到了 ADB Daemon（守护程序），便建立连接，从而可以使用 ADB 命令控制和访问模拟器或设备。需要注意的是，任何模拟器或设备实例有两个连续端口：偶数端口用来响应控制台的连接，奇数端口用来响应 ADB 连接。

打开命令提示符面板，输入 abd，如图 7.25 所示。

```
管理员: C:\Windows\system32\cmd.exe
Microsoft Windows [版本 6.1.7601]
版权所有 (c) 2009 Microsoft Corporation。保留所有权利。

C:\Users\zhou>adb
Android Debug Bridge version 1.0.40
Version 4986621
Installed as D:\android-sdk_r24.4.1-windows\android-sdk-windows\platform-tools
db.exe

global options:
 -a         listen on all network interfaces, not just localhost
 -d         use USB device (error if multiple devices connected)
 -e         use TCP/IP device (error if multiple TCP/IP devices available)
 -s SERIAL  use device with given serial (overrides $ANDROID_SERIAL)
 -t ID      use device with given transport id
 -H         name of adb server host [default=localhost]
 -P         port of adb server [default=5037]
 -L SOCKET  listen on given socket for adb server [default=tcp:localhost:5037]
```

图 7.25　输入 abd 截图

7.4.2 ADB 常用命令

ADB 常用命令如下所示。

1. adb devices

该命令查看当前连接的设备(连接电脑的 Android 设备或者模拟器),如图 7.26 所示。

图 7.26 adb devices 命令截图

2. adb install

adb install <apk 文件路径>命令将指定的 Apk 安装到设备上,安装的 Apk 包会放在/data/app 目录下。

几个参数如下所示。

① r 强制安装。

② d(真机,多个设备中只有一个真机时适用)。

③ e(模拟器,多个设备中只有一个模拟器时适用)。

④ s(指定设备,后接序列号)。

例如:

```
adb -s 44a188f9 install -r test.apk
```

其中,44a188f9 即序列号,使用 adb devices 命令可获取。

3. adb uninstall

该命令用于卸载软件,用法如下。

```
adb uninstall <apk 包名>
adb uninstall -k <apk 包名>
```

其中,-k 参数为卸载软件时保留配置和缓存文件。

4. adb reboot

该命令重启 android 设备。

5. adb shell

该命令用于进入设备或者模拟器的 shell 环境,执行各种 Linux 命令。

6. adb pull 和 adb push

该命令用于本地与模拟器之间文件的复制。

adb pull <设备中的文件路径><本地路径>:从模拟器或设备中复制文件到本地。

adb push <本地文件路径><设备中的路径>:将本地文件或目录复制到模拟器。

7.4.3 举例

【例 7.2】 模拟人为的单击输入等操作。

操作流程如下。

(1) 进入主界面后,单击"添加"按钮。

(2) 进入图片选择界面后判断是否要向下滑动。

(3) 如果需要滑动,则滑动一定距离后再判断。

(4) 顺序单击需要注册的图片。

(5) 如果检测到有人脸,会弹出界面,则输入用户名,单击"注册"。

(6) 如果未检测到人脸,单击"重新选择"按钮,重复操作。

代码如下所示:

```
import os
import time
count_select=0
count_swipe=0

#单击事件
def click(x, y):
    cmd="adb shell input tap {x1} {y1}".format(
        x1=x,
        y1=y
    )
    os.system(cmd)
#添加单击事件 只在主界面时单击"添加"按钮进行人脸添加
def click_add():
    click(1218, 30)
    time.sleep(1)
    swipe()
#确认按钮添加,即在识别到人脸后进行的操作
def click_ok():
    click(400, 640)
    #睡眠 2 秒 防止添加人脸时进行比对的人脸过多导致的延迟等
    time.sleep(2)
    main()
#单击重新注册
def click_re():
```

```
        click(1152, 785)
        time.sleep(1)  #等待 1 秒,使图片加载完成
        swipe()
#输入用户名
def input_name():
    os.system("adb shell input text 1")
    click_ok()
#单击相册中对应的图片,进行注册操作
def click_register():
    global count_swipe
    global count_select
    if count_select==0:  #第一个
        count_select=count_select+1
        click(160, 150)
    elif count_select==1:
        count_select=count_select+1
        click(500, 150)
    elif count_select==2:
        count_select=count_select+1
        click(810, 150)
    elif count_select==3:
        count_select=count_select+1
        click(1125, 150)
    elif count_select==4:
        count_select=count_select+1
        click(160, 475)
    elif count_select==5:
        count_select=count_select+1
        click(500, 475)
    elif count_select==6:
        count_select=count_select+1
        click(810, 475)
    elif count_select==7:
        count_select=count_select+1
        click(1125, 475)
    elif count_select==8:
        count_select=0
        count_swipe=count_swipe+1
        #一屏幕结束,进行下一次循环操作
        swipe()
    if count_select !=0:
        screen_xml()
#滑动屏幕,根据屏幕数判断需要滑动的次数
def swipe():
```

```
    count_swipe_finish=count_swipe
    if count_swipe_finish>0:
        for i in range(0, count_swipe_finish):  #循环滑动
            os.system("adb shell input swipe 100 410 100 5")
    click_register()
#获取当前名目的所有控件布局,并写入到 XML 文件中
def screen_xml():
    os.system("adb shell uiautomator dump /sdcard/ui.xml")
    time.sleep(3)
    read_xml()
#读取 XML 文件,判断是否存在"重新选择"按钮,如果不存在,则表明有人脸
def read_xml():
    os.system("adb pull /sdcard/ui.xml .")
    f=open("./ui.xml", "r", encoding="UTF-8")
    s=f.read()
    if s.find("id/res_tv_to_gallery")==-1:
        print("有人脸")
        input_name()
    else:
        print("无人脸")
        click_re()

def main():
    click_add()
main()
```

7.5 Python+ UIAutomator

7.5.1 简介

UIAutomator 测试框架是 Android SDK 自带的 App UI 自动化测试 Java 库,可以获取屏幕上任意一个 App 的任意一个控件属性,并对其进行任意操作,但有以下两个缺点:

(1) 测试脚本只能使用 Java 语言。

(2) 测试脚本必须每次被上传到设备上运行。

Python-UIAutomator 库是在 Python 和 UIAutomator 之间架了一座桥,是 Python 包装 UIAutomator 测试框架。

Python-UIAutomator 库安装命令如下所示:

```
pip install uiautomator
```

运行结果如图 7.27 所示,表示成功安装 UIAutomator-0.3.6。

Python-UIAutomator 库的导入有如下几种情况:

情况 1:只有一台 Android 机器,代码如下所示。

图 7.27 成功安装 UiAutomator-0.3.6

```
from uiautomator import device as d
```

情况 2：电脑连接多台 Android 机器，需要指定设备 ID，代码如下所示。

```
from uiautomator import Device
d=Device('014E05DE0F02000E')
```

情况 3：Android 机器连接另一 PC 主机，需要指定 PC 的地址和端口，代码如下所示。

```
from uiautomator import Device
d=Device('014E05DE0F02000E',adb_server_host='192.168.1.68',adb_server_
port=5037)
```

7.5.2 API

1. 基本 API

(1) 获取机器的信息

获取机器信息的命令是：

```
d.info
```

(2) 屏幕相关的操作

打开、关闭屏幕的命令如下所示。

```
d.screen.on()                                    #打开屏幕
d.screen.off()                                   #关闭屏幕
```

(3) 按(软/硬)键操作

操作键盘的命令如下所示。

```
d.press.home()                                   #按下 home 键
d.press.back()                                   #按下 back 键
d.press("back")                                  #按下 back 键
```

(4) 手势相关的存在，包括 短按/长按/滑动/拖曳

手势操作的命令如下所示。

```
d.click(x, y)                          #在屏幕上单(x, y)
d.long_click(x, y)                     #在屏幕上长按(x, y)
d.swipe(sx, sy, ex, ey)                #在屏幕上从(sx, sy)到(ex, ey)滑动
d.swipe(sx, sy, ex, ey, steps=10)      #在屏幕上从(sx, sy)到(ex, ey)滑动 10 步
d.drag(sx, sy, ex, ey)                 #在屏幕上从(sx, sy)到(ex, ey)拖动
d.drag(sx, sy, ex, ey, steps=10)       #在屏幕上从(sx, sy)到(ex, ey)拖动 10 步
```

(5) 屏幕相关的操作

获取并设置屏幕旋转方向的命令如下所示。

```
orientation=d.orientation
d.orientation="left"                   #左方向
d.orientation="right"                  #右方向
```

2. 选择器

选择器(Selector)是用来识别当前屏幕的对象，它可以通过对象的下列属性来识别，命令如下所示。

```
d(text='Clock', className='android.widget.TextView')
#文本是'Clock', 类名是'android.widget.TextView'
```

(1) 通过父子关系选择

获得孩子，命令如下所示。

```
d(className="android.widget.ListView").child(text="Bluetooth")
#文本是"Bluetooth", 类名是'android.widget.ListView'的孩子
```

(2) 通过宗族关系选择

获得兄弟，命令如下所示。

```
d(text="Google").sibling(className="android.widget.ImageView")
#文本是'Google', 类名是'android.widget.ImageView'的兄弟
```

(3) 通过相对位置选择，支持 left/right/up/down

通过左、右、上、下相对位置选择，命令如下所示。

```
d(text="Wi-Fi").right(className="android.widget.Switch").click()
#在文本"Wi-Fi"右侧，选择"switch"
```

(4) 检查当前屏幕 UI 对象是否存在

检查 UI 对象是否存在，命令如下所示。

```
d(text="Settings").exists  #本文本"Settings"是否存在，在返回 true，否则返回 false
d.exists(text="Settings")
```

(5) 滚到操作，支持水平和垂直滚动

水平和垂直滚动，命令如下所示：

```
d(scrollable=True).scroll(steps=10)                          #垂直超前滚动10步
d(scrollable=True).scroll.horiz.forward(steps=100)           #水平超前滚动100步
d(scrollable=True).scroll.vert.backward()                    #垂直超后滚动
d(scrollable=True).scroll.toEnd()                            #垂直滚动到最末
```

7.6 UIAutomatorViewer

7.6.1 简介

UIAutomatorViewer 用于扫描和分析 Android 应用程序的 UI 控件，可以进行用户界面上元素的定位和识别。

7.6.2 操作步骤

UIAutomatorViewer 的具体操作步骤如下所示：

步骤1：连接 Android 设备到开发机器，打开被测的 App。

步骤2：启动 UIAutomatorviewer. bat。

在 sdk\tools 下双击 UIAutomatorviewer. bat，弹出 UI Automator Viewer 页面，如图 7.28 所示。

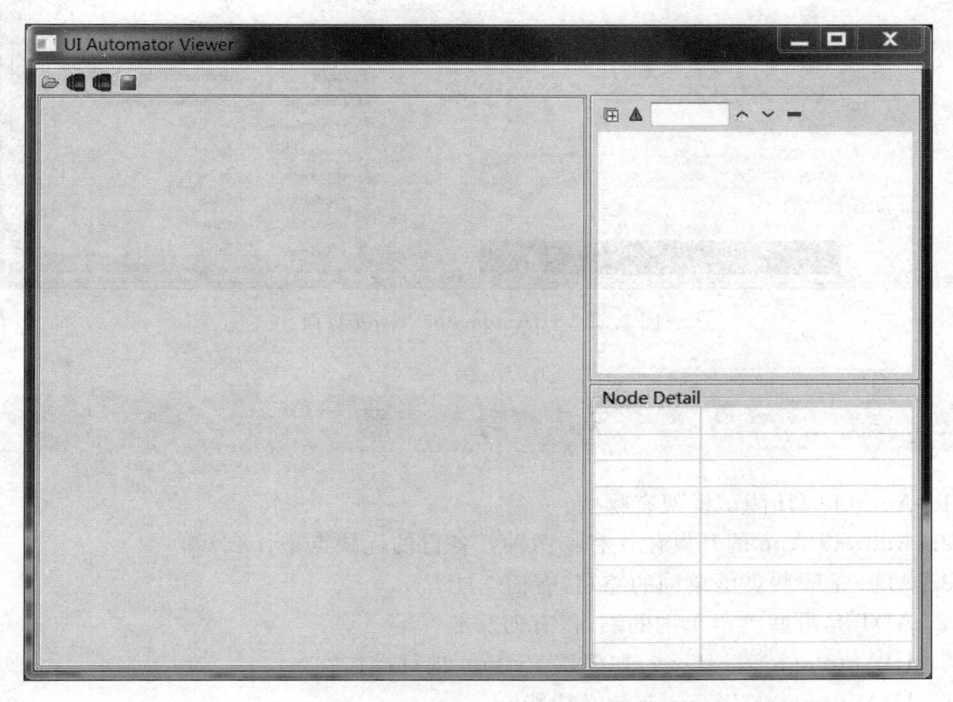

图 7.28 UIAutomatorViewer 运行页面

步骤 3：执行 adb devices 命令，检查设备是否已经连接。

步骤 4：单击 UIAutomatorViewer 用户页面上的“设备截图按钮”(Device Screenshoot)获取快照。第一次单击 Device Screenshoot 按钮时，将会报错，因为 UIAutomatorViewer. bat 需要知道 SDK 下 platform-tools 子目录的路径。将 UIAutomatorViewer. bat 中最后一行代码的%prog_dir%替换为 platform-tools 的实际目录。

图 7.29 的布局区(右上)显示当前页面布局的层级关系，以 XML 树的形式展示。右下方界面显示某一控件的属性信息。text 值显示“扫一扫”，也可以通过 index、resource-id、class、package、content-desc 等定位元素的位置。

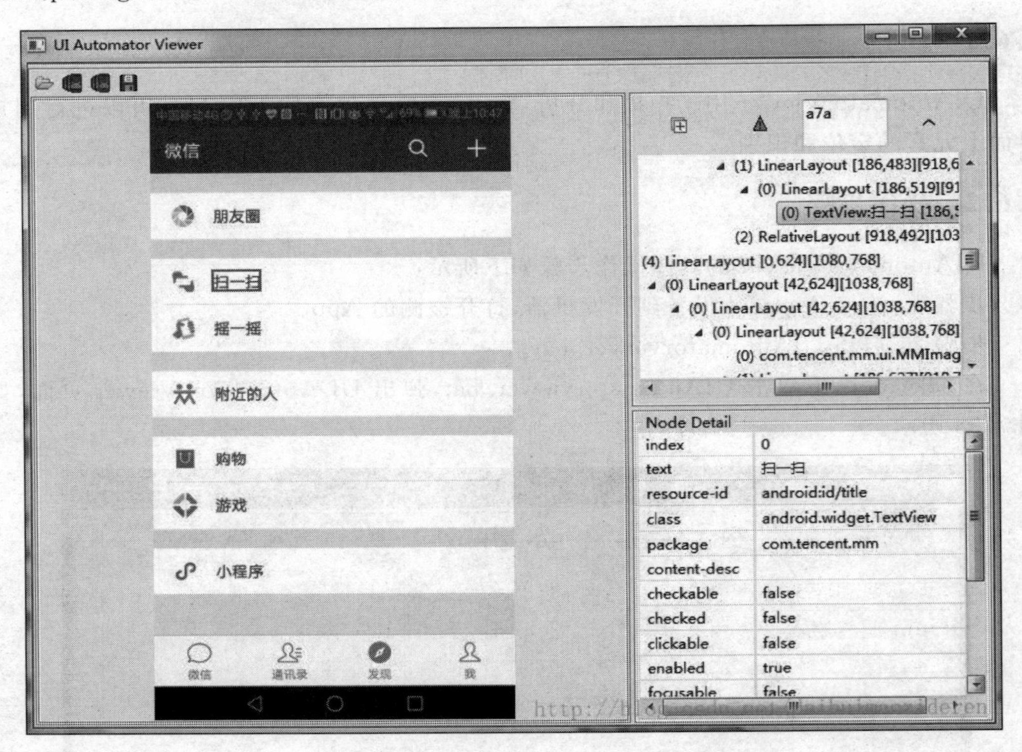

图 7.29 UIAutomatorViewer 页面

7.7 习 题

1. Android UI 测试框架有哪些？
2. Android App 的开发往往有哪两种？各自的优缺点是什么？
3. ADB 是哪些英语单词的缩写，有何功能？
4. ADT 是哪些英语单词的缩写，有何功能？
5. UIAutomator 是什么？如何用 Python 进行操作？
6. UIAutomatorViewer 有什么功能？

Python与Appium移动测试

Appium作为目前流行的移动测试开源工具,覆盖到UIAutomator涉及的各个方面,支持iOS和Android平台上的应用。本章首先介绍Appium的工作原理、环境搭建等,通过实例介绍Appium的操作步骤。最后介绍全国大学生软件测试大赛中的移动测试内容。

8.1 Appium

8.1.1 简介

Appium是开源、跨平台的测试框架,支持iOS平台和Android平台上的移动原生应用、移动Web应用和混合应用。

- "移动原生应用"是指那些用iOS或者Android SDK写的应用。
- "移动Web应用"是指使用移动浏览器访问的应用。
- "混合应用"是指原生代码封装网页视图——原生代码和Web内容交互。

Appium使用与Selenium相同的语法,共享Selenium通过移动浏览器自动与网站交互的能力。

Appium允许测试人员使用同样的接口、基于不同的平台写自动化测试代码,大大增加了测试套件间代码的复用性。

8.1.2 特点

Appium具有如下特点:

(1) Appium是C/S(Client/Server,客户端/服务器端)模式。

(2) Appium是基于WebDriver协议对移动设备自动化API扩展而成,具有和WebDriver一样的特性,例如多语言支持。

(3) Appium的客户端只需要发送HTTP请求实现通信,意味着客户端支持多语言。

(4) Appium的服务端是由Node.js实现。Appium是使用Node.js平台编写的HTTP服务器,使用WebDriver JSON有线协议驱动iOS和Android会话。因此,在初始化Appium Server之前,必须在系统上预安装Node.js。

Appium可以将不同的测试工具整合在一起,对外提供统一的API。表8.1给出了

UIAutomator 和 Appium 的对比。

表 8.1　UIAutomator 和 Appium 对比

	UIAutomator	Appium
是否跨平台	Android	Android、iOS
支持语言	Java	Any

8.2　搭建 Appium 环境

Appium 依赖手机端的 SDK Platform 和 Build-tools 两个插件。通过使用 ADB 命令实现 Appium 与目标机的通信。Appium 分为客户端和服务器，需要首先安装服务器，然后安装客户端。

搭建 Appium 环境按照如下步骤进行：

步骤 1：安装 Java 开发环境 JDK。

步骤 2：安装 Android-SDK。

步骤 3：安装 Python。

步骤 4. 安装 Node. js。

Node. js 是一个基于 Chrome V8 引擎的 JavaScript 运行环境。下载网址为 https://nodejs. org/zh-cn/download/，下载页面如图 8.1 所示。

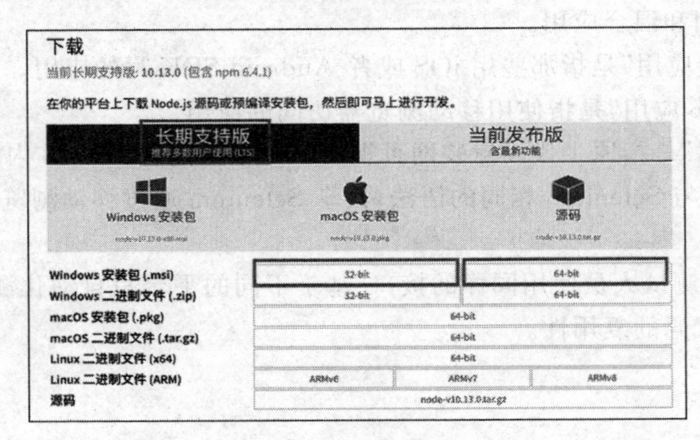

图 8.1　下载 Node. js

在 Dos 命令行界面下输入 node -v，安装成功会输出版本信息，如图 8.2 所示。

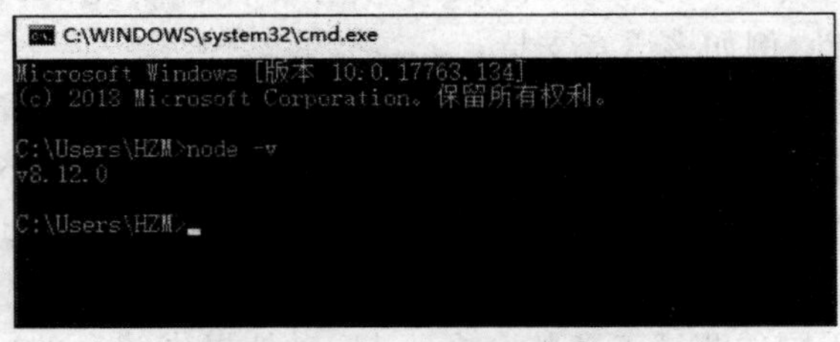

图 8.2　测试安装是否成功页面

安装 Node.js 后就可以直接通过 npm(node package manager,是一个基于 Node.js 的包管理器)安装 Appium。

步骤 5：安装 Appium-Server,有以下两种方法。

方法 1 是 node.js 包管理安装。

在 cmd 下输入 npm 命令进行安装,如下所示。

```
npm install -g appium
```

方法 2 是进入官网地址并下载。

在 Appium 官网中 http://appium.io/下载,如图 8.3 所示。

图 8.3　官网 http://appium.io/

将其安装到 D:\Appium_1.4\node_modules\.bin 目录,并在环境变量 PATH 中配置。在 cmd 中输入命令 appium,如果出现图 8.4 所示的结果,说明配置成功。

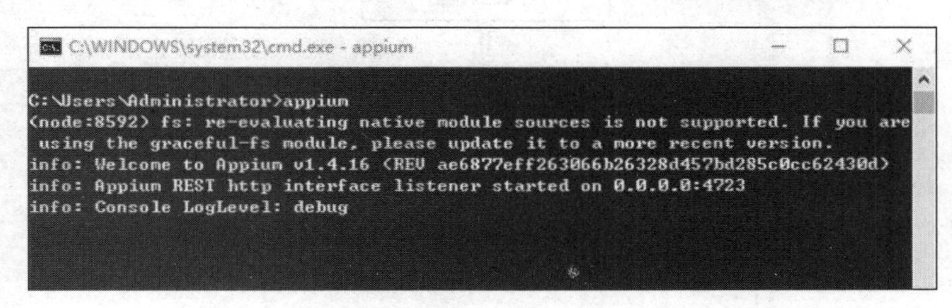

图 8.4　配置 Appium

步骤 6：安装 Appium-Python-Client。

Appium 客户端用于抓取 App 上的定位信息。安装 Appium-Python-Client 的命令如下所示：

```
pip install  Appium-Python-Client
```

运行结果如图 8.5 所示。

安装 Appium-Python-Client 的同时会安装一个 Selenium 模块。进入 Python 3 交互命令行,执行以下命令：

```
管理员: Anaconda Prompt
(base) C:\Users\Administrator>pip install   Appium-Python-Client
Requirement already satisfied: Appium-Python-Client in c:\programdata\anaconda3\
lib\site-packages
Requirement already satisfied: selenium>=2.47.0 in c:\programdata\anaconda3\lib\
site-packages (from Appium-Python-Client)
You are using pip version 9.0.3, however version 18.1 is available.
You should consider upgrading via the 'python -m pip install --upgrade pip' comm
and.
```

图 8.5　安装 Appium-Python-Client

```
import selenium
selenium.__version__
```

8.3　Appium 的工作原理

Appium 的工作原理如图 8.6 所示，具体步骤如下所示。

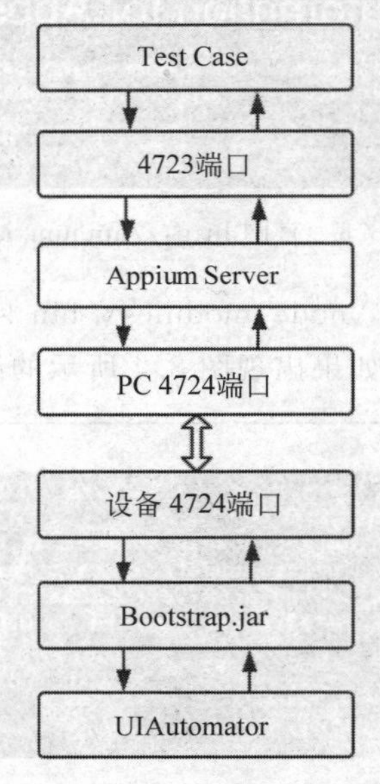

图 8.6　Appium 的工作原理

步骤 1：开启 Appium 服务，即 Appium Server，默认监听 4723 端口。在 Appium Client 端编写测试脚本，发送给 4723 端口，向 Appium Server 发出请求。

步骤 2：AppiumServer 会把请求通过 4724 端口转发给中间件 Bootstrap.jar，Bootstrap.jar 再把 Appium 的命令转换成 UIAutomator 的命令，让 UIAutomator 进行处理。

步骤 3：由 Bootstrap.jar 将执行结果返回给 Appium Server。

步骤 4：Appium Server 再将结果返回给 Appium Client。

8.4 计算器举例

关于操作计算器,步骤如下所示。

步骤 1:打开 cmd,输入 appium,如图 8.7 所示。

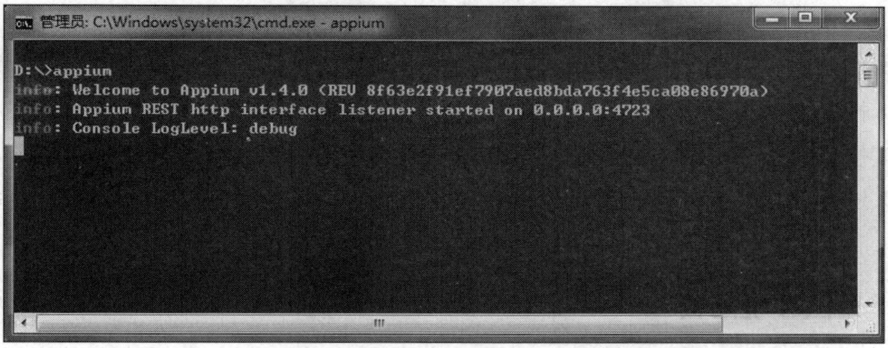

```
管理员: C:\Windows\system32\cmd.exe - appium

D:\>appium
info: Welcome to Appium v1.4.0 (REV 8f63e2f91ef7907aed8bda763f4e5ca08e86970a)
info: Appium REST http interface listener started on 0.0.0.0:4723
info: Console LogLevel: debug
```

图 8.7 运行 appium

步骤 2:编写如下脚本。

```
from appium import webdriver
desired_caps={}
desired_caps['platformName']='Android'
desired_caps['platformVersion']='4.4'
desired_caps['deviceName']='Android Emulator'
desired_caps['appPackage']='com.android.calculator2'
desired_caps['appActivity']='.Calculator'

driver=webdriver.Remote('http://localhost:4723/wd/hub', desired_caps)
el=driver.find_element_by_android_uiautomator('text("7")')
el.click()
e2=driver.find_element_by_android_uiautomator('text("+")')
e2.click()
e3=driver.find_element_by_android_uiautomator('text("8")')
e3.click()
e3=driver.find_element_by_android_uiautomator('text("=")')
e3.click()
```

步骤 3:直接运行脚本,即可看到操作计算器的步骤。

8.5 Appium 与全国大学生软件测试大赛

8.5.1 赛事简介

2016 年开始,教育部软件工程专业教学指导委员会、中国计算机学会软件工程专业委员会、中国软件测评机构联盟、中国计算机学会系统软件专业委员会和中国计算机学会容错计算专业委员会联合举办首届“全国大学生软件测试大赛”。大赛旨在建立软件产业和高等教育的资源对接，探索产教研融合的软件测试专业培养体系，进一步推进高等院校软件测试专业建设，深化软件工程实践教学改革。其后，每年举行一届。

全国大学生软件测试大赛包括移动测试，通过使用 Appium 进行测试，评分标准如下。

(1) 按照测试用例(设计文档＋执行日志)跟测试需求的匹配度和完整性进行评分。

(2) 按照测试报告 Bug 描述的准确性和完整性进行评分。

(3) 按照 Appium 脚本对测试模块对象的覆盖度进行自动化评分。

(4) 进行 Appium 脚本的健壮性评分，将测试脚本在 20 台机型上自动执行，统计失效率。

8.5.2 慕测环境配置

全国大学生软件测试大赛使用慕测平台，官网是 http://www.mooctest.net/，如图 8.8 所示。

图 8.8 慕测官网 http://www.mooctest.net/

登录后，单击“工具下载”按钮，配置 Eclipse 环境，如图 8.9 所示。

8.5.3 参赛流程

登录慕测官网，选择查看详情，可以看到密钥(红色矩形框中的内容)，如图 8.10 所示。

复制密钥，打开安装有 Mooctest 插件的 Eclipse，输入密钥后登录，如图 8.11 所示。

图 8.9　慕测官网工具下载

2018移动应用测试资格练习 比赛 进行中

考试ID: 1732　创建者: 慕测管理员　班级: 2018年大学生移动应用测试大赛

起止时间: 2018-04-11 00:00 - 2018-06-08 23:59

直接采用慕测WebIDE或者下载安装Eclipse客户端，在比赛前完成"我的任务"中的"2018移动应用测试资格练习"并达到规定分数。评分标准 1. 预选赛发布两道题，每道题计算Appium脚本的测试需求对象覆盖率，即在需求范围内，覆盖对象数/总对象数*100，两道题相加得总分；2. 覆盖总分相同，则两道题测试脚本运行时间相加进行二次排序（短优先）；3. 运行时间相同，则按Appium脚本的运行稳定性进行三次排序。

试卷: 2018移动应用测试资格练习　出卷人: MOOCTEST　难度: ☆☆☆☆☆

2018移动应用测试资格练习

#	题目			分值占比	得分规则
1	2017移动应用总决赛团队修订版	在线做题	查看详情	50%	+ 查看规则
2	2017移动应用总决赛个人修订版	在线做题	查看详情	50%	+ 查看规则

APK　需求文档　脚本模板

2017移动应用总决赛团队修订版

秘钥:kTJzic+9xhn3FtFlvn6xvA==

图 8.10　查看个人密钥

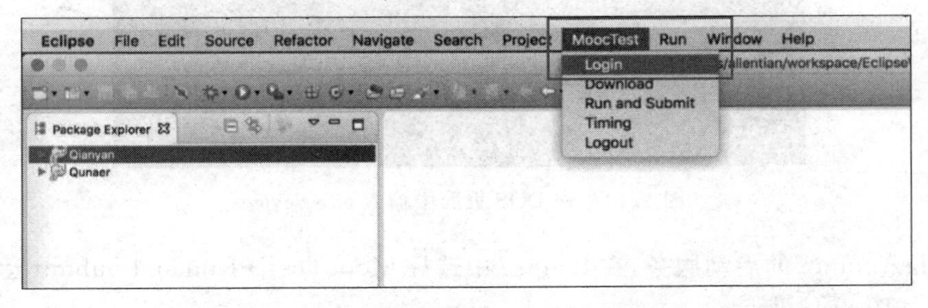

图 8.11　选择 Login 后复制密钥

选择 Mooctest→Download 下载试题，如图 8.12 所示。

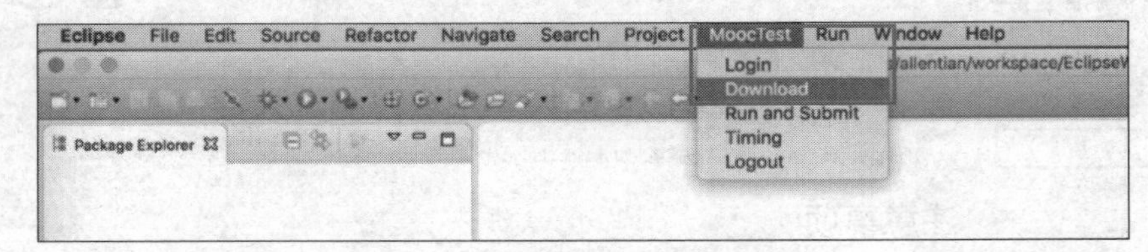

图 8.12　选择下载试题

进入脚本编写页面，如图 8.13 所示。

```
18
19 public class Main {
20
21
22     /**
23      * 所有和AppiumDriver相关的操作都必须写在该函数中
24      * @param driver
25      */
26     public void test(AppiumDriver driver) {
27             try {
28             Thread.sleep(6000);      //等待6s，待应用完全启动
29         } catch (InterruptedException e) {
30             // TODO Auto-generated catch block
31             e.printStackTrace();
32         }
33         driver.manage().timeouts().implicitlyWait(8, TimeUnit.SECONDS); //设置
34         /*
35          * 余下的测试逻辑请按照题目要求进行编写
36          */
37         int x = driver.manage().window().getSize().width;
38         int y = driver.manage().window().getSize().height;
39         try {
40             driver.findElementById("net.luoo.LuooFM:id/bt_top_bar_left").clic
41             driver.findElementById("net.luoo.LuooFM:id/bt_top_bar_left").clic
42             driver.findElementById("net.luoo.LuooFM:id/et_search").sendKeys("
43             driver.findElementById("net.luoo.LuooFM:id/tv_search").click();
44             driver.findElementByXPath("//android.widget.TextView[@text='期刊']
45             driver.findElementsById("net.luoo.LuooFM:id/iv_img").get(0).click
46             driver.findElementById("net.luoo.LuooFM:id/iv_share").click();
```

脚本从这里开始编写

图 8.13　脚本编写页面

编写完脚本后运行脚本。在 DOS 命令行中输入 adb devices。如果出现图 8.14 所示页面，表示连接成功。

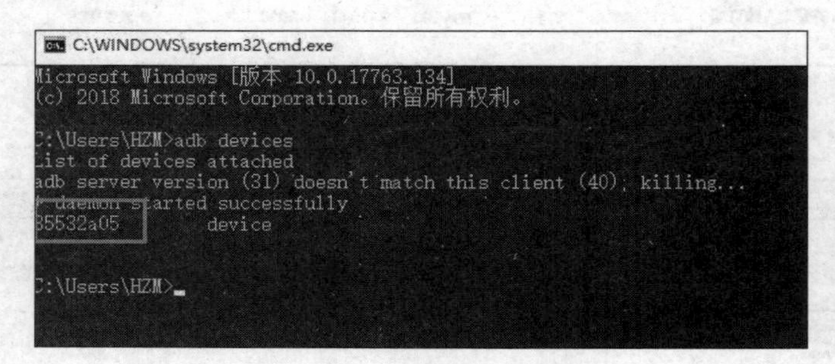

图 8.14　在 DOS 页面中输入 adb devices

单击 Appium 的启动服务，在 Eclipse 中选择 MoocTest→Run and Submit 运行，提交并打分，如图 8.15 所示。

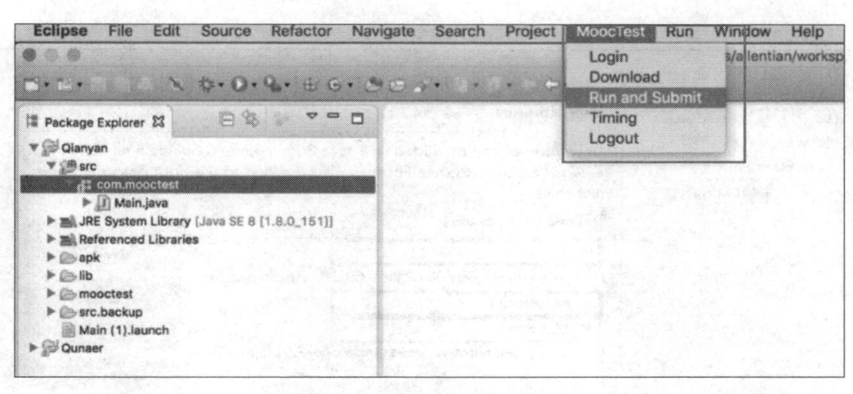

图 8.15 Appium的启动服务

8.5.4 竞赛题目

测试项目的创建步骤如下所示。

步骤1：打开Eclipse，新建一个Java Project，取名为Test。

步骤2：右击Test项目，单击build path，选择Add Library中的User Library，如图8.16所示。

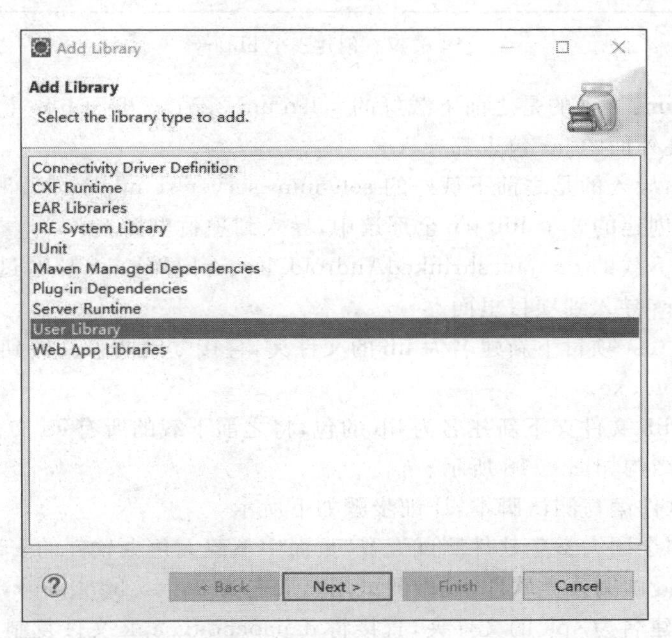

图 8.16 选择Add Library的User Library

步骤3：单击next按钮，选择User Libraries，单击New按钮创建3个library，如图8.17所示。

(1) Client：创建了client，单击add External JARs，找到之前下载好的java-client-4.1.2.jar。

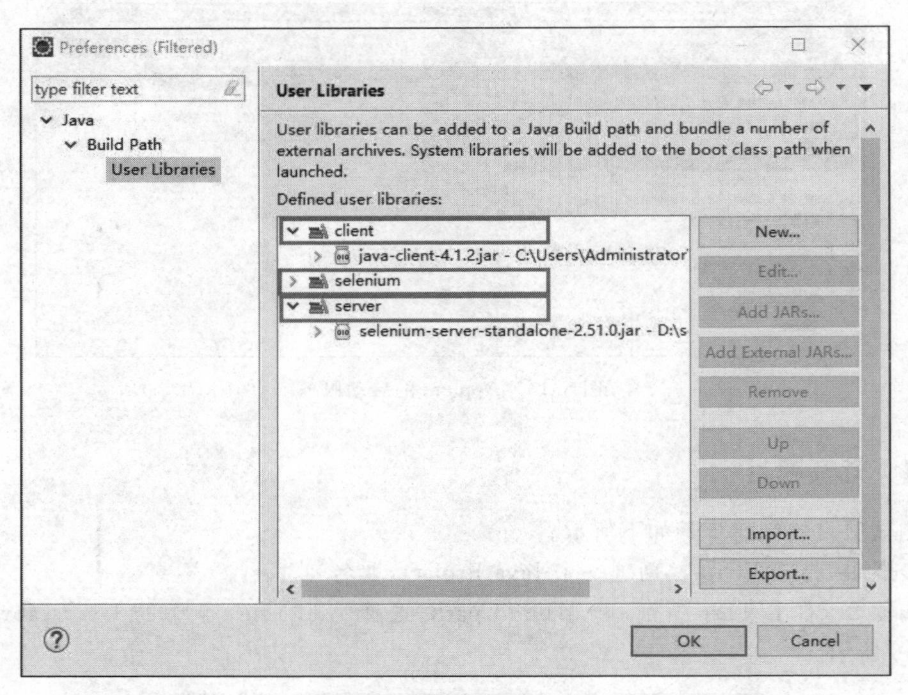

图 8.17　创建三个 library

(2) Selenium：导入的是之前下载好的 selenium-2.51.0 里面 libs 下的所有 jar 包，最好把 libs 文件夹外面的 jar 包也都导入。

(3) Server：导入的是之前下载好的 selenium-server-standalone-2.51.0.jar。

步骤 4：将创建的 3 个 library 全部选中，导入到项目里面。

步骤 5：将下载的 dx.jar、shrinkedAndroid.jar、apkUtil.jar 都通过 build path 中的 add External jars 导入到项目里面。

步骤 6：在 test 项目下新建名为 lib 的文件夹，直接复制两个文件到 lib 文件夹下，分别是 aapt 和 aapt.exe。

步骤 7：在 lib 文件夹下新建名为 lib 的包，将之前下载的所有 so 文件复制到该包下。

至此，项目结构如图 8.18 所示。

针对待测软件编写测试脚本，详细步骤如下所示。

步骤 1：从“全国大学生软件测试大赛”页面中下载大角虫软件的安装包，即 apk 文件(该 apk 是一个漫画阅读类软件，仅做测试用)，取名为 dajiaochong.apk，如图 8.19 所示。

步骤 2：新建名为 apk 的文件夹，直接将 dajiaochong.apk 文件复制过来。

步骤 3：在 src 文件夹下创建名为 com.mooctest 的包，将 java 文件命名为 Main.java。项目结构如图 8.20 所示。

步骤 4：将 Android 手机连接到电脑上，开启“开发者模式”，打开 USB 调试功能，如图 8.21 所示。在 cmd 中输入命令 adb devices，如果 SDK 安装配置成功，则会出现该手机的 udid 号，表示手机连接成功。

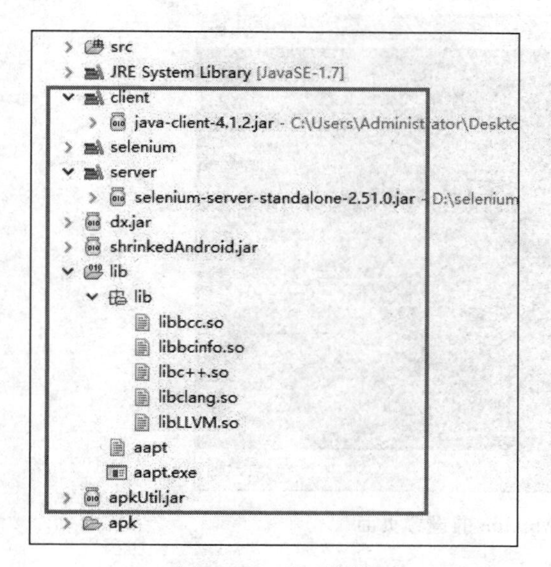

图 8.18 项目结构

图 8.19 大角虫软件的安装包

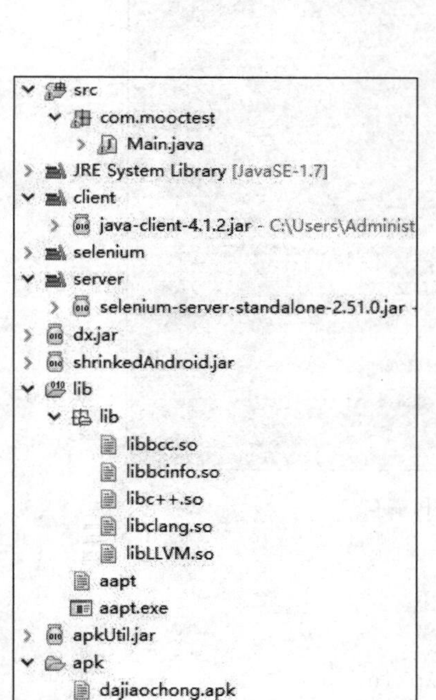

图 8.20 测试项目结构

图 8.21 在 Android 手机中打开 USB 调试功能

步骤 5：打开 Appium，进入设置页面，如图 8.22 所示。

步骤 6：设置 Server Address 为 127.0.0.1，Port 为 8080，如图 8.23 所示。

步骤 7：启动 Appium，如图 8.24 所示。

步骤 8：编写测试脚本。

图 8.22　Appium 的设置页面

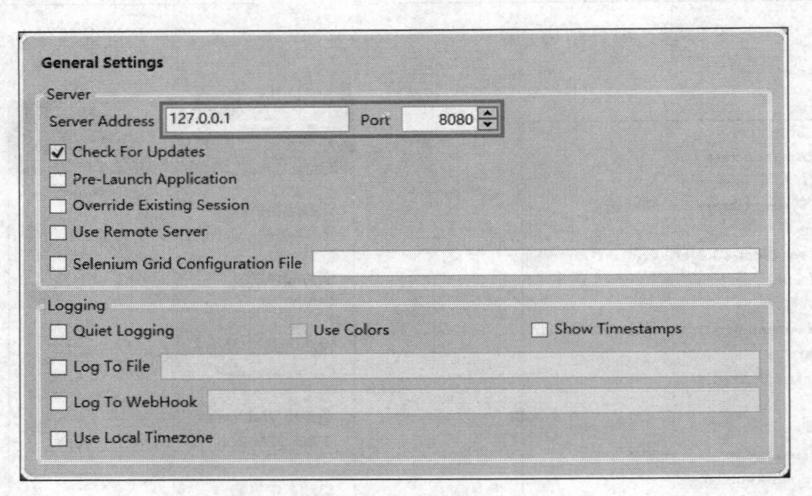

图 8.23　设置服务器网址和端口

测试脚本的代码如下。

```
package com.mooctest;
import com.sinaapp.msdxblog.apkUtil.entity.ApkInfo;
import com.sinaapp.msdxblog.apkUtil.utils.ApkUtil;
import io.appium.java_client.AppiumDriver;
import io.appium.java_client.FindsByAndroidUIAutomator;
import io.appium.java_client.android.AndroidDriver;
import org.omg.CORBA.TIMEOUT;
import org.openqa.selenium.WebDriver;
import org.openqa.selenium.WebElement;
import org.openqa.selenium.remote.CapabilityType;
```

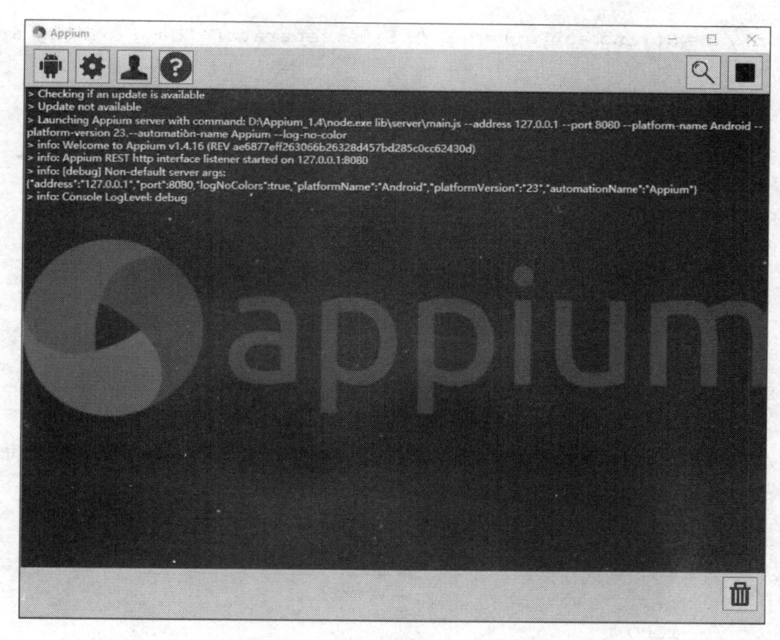

图 8.24　启动 Appium

```
import org.openqa.selenium.remote.DesiredCapabilities;
import org.openqa.selenium.remote.UnreachableBrowserException;
import org.openqa.selenium.support.ui.ExpectedCondition;
import org.openqa.selenium.support.ui.WebDriverWait;
import org.openqa.selenium.By;

import java.io.File;
import java.net.MalformedURLException;
import java.net.URL;
import java.util.concurrent.TimeUnit;
import java.util.*;

/**
 * 测试类,只需要在 test()函数中完成测试脚本,本次以大角虫软件为例完成登录功能
 * @author Cheng Song
 * @version 1.0.0
 */
public class Main {
    /*
     * port 是在 appium 中配置好的端口,可自行修改
     */
    private String port="8080";
    /*
     * 需要测试的软件 apk 安装包,直接替换即可,同时需要将 apk 文件放入 apk 文件夹下
     */
```

```
private String appPath="apk"+File.separator+"dajiaochong.apk";
/*
 * apk文件的包名以及启动时的首个Activity
 */
private String appPackage;
private String appActivity;
/*
 * 请将手机的udid手动赋值给deviceUdid,连接好手机后,在cmd中通过adb
   devices获得,直接替换
 */
private String deviceUdid="DUA6P7O799999999";

//你可以直接使用driver进行各类操作,所有的测试脚本将在该函数内完成
private void test(AppiumDriver driver) {
    System.out.println("正在执行你的脚本逻辑");
    System.out.println("执行脚本");

    /* TODO
     * 以下将使用最常用的几种控件获取方式来演示
     * 1.findElement(By.id("****"))
     * 2.findElement(By.name("****"))
     * 3.findElement(By.className("****"))
     * 4.findElement(By.xpath("****"))
   * 5.切记UI Automator中的index不能用来定位控件
   * 6.使用swipe来完成滑动手势
     */
    /*
     * 1.此处使用UI Automator中看到的"我的"按钮的resource-id的值"cn.
         kidstone.cartoon:id/rbtn_mine"来定位控件,完成click()单击事
         件 */
     WebElement cancle=driver.findElementById("cn.kidstone.cartoon:
     id/cancel_txt");
    cancle.click();
     WebElement mine=driver.findElement(By.id("cn.kidstone.cartoon:
     id/rbtn_mine"));
    mine.click();
    /*
     * 2.此处使用UI Automator中看到的"登录"按钮的text的值"登录"来定位
         控件
     * 然后完成click()单击事件
     */
    WebElement login=driver.findElement(By.xpath(".//*[@text='登录
    ']"));
    login.click();
```

```
    /*
     * 3.此处使用UI Automator中看到的class类来定位控件
     * 由于此处有"用户名"和"密码"两个EditText类(第一个是用户名,第二个是
       密码)
     * 然后使用sendKeys()依次赋值(此处使用已经注册好的用户名(我的手机号)
       和密码)
     */
    WebElement username=(WebElement) driver.findElements(By.className
    ("android.widget.EditText")).get(0);
    username.sendKeys("15929949928");
    WebElement password=(WebElement) driver.findElements(By.className
    ("android.widget.EditText")).get(1);
    password.sendKeys("123456789");
    /*
     * 4.此处使用UI Automator中看到的xpath类来定位控件
     * 在UI Automator中选中登录按钮,然后从登录Button依次往它的父控件找,
       直到找到全局唯一的父控件为止
     * 然后完成click()单击事件
     */
    WebElement finalLogin=driver.findElement(By.xpath
    ("//android.widget.ScrollView/"+
        "android.widget.RelativeLayout/"+
        "android.widget.LinearLayout/"+
        "android.widget.Button"));
    finalLogin.click();
    /*
     * 5.此处使用UI Automator中看到的XPath类来定位"收藏"控件
     * XPath还能如此使用,By.xpath(".//*[@****]")
     * 然后完成click()单击事件
     */
    WebElement collect=driver.findElement(By.xpath(".//*[@text='收藏
    ']"));
    collect.click();

    /*
     * 6.获得屏幕的宽和高,然后使用swipe()来完成滑动,swipe中的参数含义
         如下:
     * 起点的x,y坐标,终点的x,y坐标,滑动的时间(是匀速滑动)
     * swipe(start_point_x,start_point_y,end_point_x,end_point_y,
       time)
     * 这里向右滑动
     */
    int width=driver.manage().window().getSize().width;
    int height=driver.manage().window().getSize().height;
    driver.swipe(width*4/5,height/2,width/5,height/2,1000);
}
```

```
public static void main(String[] args) {
    Main example=new Main();
    example.execute();
}
private void execute() {
    getApkInformation();
    AppiumDriver driver=setUp();
    if(driver !=null) {
        test(driver);
    } else {
        System.err.println("服务器未开启");
    }
}

private void getApkInformation() {
    ApkInfo apkInfo=null;
    try {
        apkInfo=new ApkUtil().getApkInfo(appPath);
    } catch (Exception e) {
        e.printStackTrace();
    }

    appPackage=apkInfo.getPackageName();
    appActivity=apkInfo.getLaunchableActivity();
     System.out.println("the apk package is "+appPackage+" and the
     activity is "+appActivity);
}
private AppiumDriver setUp() {
    File file=new File(appPath);
    String path=file.getAbsolutePath();       //获得 apk 文件的绝对路径
    DesiredCapabilities capabilities=new DesiredCapabilities();
    capabilities.setCapability(CapabilityType.BROWSER_NAME, "");
    /*
     * platformName:设置测试所用的平台类型
     * deviceName:设置设备名称,可以随便取名,最好使用"Android Emulator"
     */
    capabilities.setCapability("platformName", "Android");
    capabilities.setCapability("deviceName", "Android Emulator");
    /*
     * platformVersion:设置测试平台的版本
     * app:设置 apk 文件的绝对路径
     */
    capabilities.setCapability("platformVersion", "4.3");
    capabilities.setCapability("app", path);
    /*
     * appPackage:设置 app 的包名
```

```
     * appActivity：设置 app 启动时首个 Activity 名
     * udid：设置连接的手机设备的 id
     */
    capabilities.setCapability("appPackage", appPackage);
    capabilities.setCapability("appActivity", appActivity);
    capabilities.setCapability("udid",deviceUdid);
    /*
     * unicodeKeyboard,resetKeyboard 是用来安装 appium 的输入法的
     * 为了避免手机自带的输入法可能出现的问题，最好设置这两个属性
     */
    capabilities.setCapability("unicodeKeyboard",true);
    capabilities.setCapability("resetKeyboard",true);

    AppiumDriver driver=null;
    boolean success=false;
    int num=1;
    while(!success && num<=2) {
        try {
            driver=new AndroidDriver<>(new URL("http://127.0.0.1:"+
            port+"/wd/hub"), capabilities);
            success=true;
        } catch (MalformedURLException e1) {
            e1.printStackTrace();
        } catch (UnreachableBrowserException e) {
            System.out.println("appium 服务器未开启，请手动开启");
        }
        num++;
    }
    /*
     * 隐式时间等待，此处设置将作用于所有控件，用来设置一定的等待时间，防止某
       些控件还没加载出来而出现错误
     */
    driver.manage().timeouts().implicitlyWait(30, TimeUnit.SECONDS);
    return driver;
  }
}
```

8.6 习 题

1. Appium 有什么特点？
2. Appium 与 Selenium 的关系是什么？
3. 实现本章例题。

前端测试

A.1 简　　介

前端即网站前台部分，它是运行在PC端、移动端等浏览器上，展现给用户浏览的网页。前端技术一般分为前端设计和前端开发，前端设计一般可以理解为网站的视觉设计，前端开发则是网站的前台代码实现，包括基本的HTML、CSS以及JavaScript/Ajax等。

前端测试主要包括界面样式测试、功能测试和性能测试等。

A.1.1　界面样式测试

界面样式测试，又称UI测试，主要测试界面是否正常。它作为前端测试的最基础环节，包括固定界面的测试、结构不变界面样式测试和计算样式测试。

(1) 固定界面的测试：主要针对文字内容不变的区域。例如页面的页头、页脚这类结构、内容不变的区域，一般通过截图对比进行测试。

(2) 结构不变界面样式测试：主要针对结构不变的区域。例如新闻区域这类结构不变、内容变化的区域，一般通过DOM元素对比测试。

(3) 计算样式测试：主要针对计算样式不变的区域，一般通过比较计算样式测试。

A.1.2　功能测试

功能测试用于检测功能操作是否正常，具体测试往往包括如下内容：

(1) 操作反应：测试鼠标移入/移出的效果，单击的效果，获取/失去焦点时的效果。

(2) 页面跳转：①测试页面切换方式：另开页面、本页切换；②测试页面起始定位：页面起始位置、页面其他锚点。

(3) 弹框：①测试匹配情况：弹出的弹框是否和触发条件匹配；②测试出现位置：一般情况下要一致。因为弹框使用不同插件，可能导致弹出位置不同。

(4) 提示文字：①测试匹配情况：出现的提示文案是否和触发条件匹配；②测试关于操作成功的后续反应，以上主要是在已确定会触发某反应的情况下测试其正确性。其实这里更重要的是要考虑在前置条件不同的情况下对某元素进行相同操作会触发什么不同的反应，即需要对各类情况进行穷举。

A.1.3 性能测试

性能测试可以认为是用户获取所需要页面数据或执行某个页面动作的一个实时性指标，一般以用户希望获取数据的操作到用户实际获得数据的时间间隔来衡量。

性能测试主要有如下指标：

(1) 白屏时间：用户浏览器输入网址后至浏览器出现至少 1px 画面为止。

(2) 首屏时间：用户浏览器首屏内所有的元素呈现所花费的时间。

(3) 用户可操作时间(dom ready)：网站某些功能可以使用的时间。

(4) 页面总下载时间(onload)：网站中所有资源加载完成并且可用花费的时间。

Jest

B.1 简 介

常见的测试框架有 Jasmine、Mocha 以及 Jest 等。其中,Jest 是 Facebook 的一套开源的 JavaScript 测试框架,内置了常用的测试工具,比如自带断言、测试覆盖率工具,实现了开箱即用,具体在下特点:

(1) Jest 可以利用其特有的快照测试功能,通过比对 UI 代码生成的快照文件实现对 React 等常见框架的自动测试。此外,Jest 的测试用例是并行执行的,而且只执行发生改变的文件所对应的测试,提升了测试速度。

(2) 安装配置简单,非常容易上手。通过 npm 命令安装,代码如下所示:

```
npm install  jest
```

(3) Jest 内置了测试覆盖率工具 istanbul,给出覆盖率报告。

(4) 集成了断言库,不需要再引入第三方的断言库,支持 React 组件化测试。

B.2 断 言

断言是指对参与测试的值做各种各样的判断,返回成功或失败的测试结果。Jest 提供了内置的全局函数 expect 进行断言。通常,测试脚本与所要测试的源码脚本同名,但是后缀名为 test.js。

【例 B.1】 toBe()举例。

被测试的模块如下所示。

```
function sum(a, b) {
  return a+b;
}
module.exports=sum;
```

测试用例代码如下所示。

```
const sum=require('./sum')

test('test 2+2=4', ()=>{
  expect(sum(2, 2)).toBe(4);
})
```

测试结果如图 B. 1 所示。

```
$ npm test

> jest@1.0.0 test D:\sunmingming\code\jest
> jest

 PASS  ./sum.test.js
  √ test 2 + 2 = 4 (4ms)

Test Suites: 1 passed, 1 total
Tests:       1 passed, 1 total
Snapshots:   0 total
Time:        4.203s
Ran all test suites.
```

图 B. 1　测试程序运行结果

【例 B. 2】 not. toBe()举例。

被测试的模块如下所示。

```
function sum(a, b) {
  return a+b;
}
module.exports=sum;
```

测试用例代码如下所示。

```
const sum=require('./sum')

test('sum(2, 2) 不等于 5', ()=>{
  expect(sum(2, 2)).not.toBe(5);
})
```

测试结果如图 B. 2 所示。

```
$ npm test

> jest@1.0.0 test D:\sunmingming\code\jest
> jest

 PASS  ./sum.test.js
  √ sum(2, 2) 不等于 5 (5ms)

Test Suites: 1 passed, 1 total
Tests:       1 passed, 1 total
Snapshots:   0 total
Time:        4.489s
Ran all test suites.
```

图 B. 2　测试程序运行结果

【例 B. 3】 toEqual()举例。

被测试的模块如下所示。

```
function getAuthor(a, b) {
  return {
    name: 'LILALALA',
    age: 24,
  }
}

module.exports=getAuthor;
```

测试用例代码如下所示。

```
const getAuthor=require('./getAuthor')

test('getAuthor()返回的对象深度相等', ()=>{
  expect(getAuthor()).toEqual(getAuthor())
})

test('getAuthor()返回的对象内存地址不同', ()=>{
  expect(getAuthor()).not.toBe(getAuthor())
})
```

【注释】 toEqual匹配器检查对象所有属性和属性值是否相等，当需要进行应用类型的比较时，请使用toEqual匹配器而不是toBe。测试结果如图B.3所示。

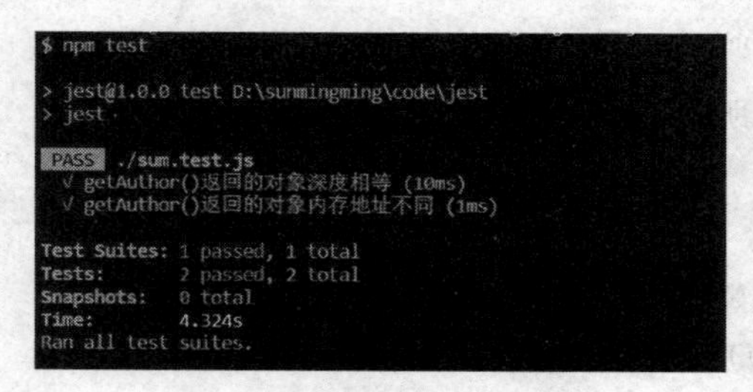

图B.3 程序运行结果

【例B.4】 toHaveLength()举例。

被测试模块如下所示。

```
function getIntArray(num) {
  if(!Number.isInteger(num)) {
    throw Error('"getIntArray"只接受整型类型的参数');
  }

  let result=[];
  for (let i=0, len=num; i<len; i++) {
    result.push(i)
  }
```

```
  return result;
}

module.exports=getIntArray;
```

测试用例代码如下所示。

```
const getIntArray=require('./getIntArray')

test('getIntArray(3)返回的数组长度应该是 3', ()=>{
  expect(getIntArray(3)).toHaveLength(3);
})
```

【注释】 toHaveLength 可以很方便地用来测试字符串和数组类型的长度是否满足预期测试结果,如图 B.4 所示。

```
$ npm test

> jest@1.0.0 test D:\sunmingming\code\jest
> jest

 PASS  ./sum.test.js
  √ getIntArray(3)返回的数组长度应该是3 (4ms)

Test Suites: 1 passed, 1 total
Tests:       1 passed, 1 total
Snapshots:   0 total
Time:        5.083s
Ran all test suites.
```

图 B.4 测试程序运行结果

【例 B.5】 toMatch()举例。

被测试模块如下所示。

```
function getAuthor(num) {
  const result={
    name: 'li',
    age: 24
  }
  return result;
}

module.exports=getAuthor;
```

测试用例代码如下所示。

```
const getAuthor=require('./sum')

test('getAuthor.name 应该包含"li"这个姓氏', ()=>{
  expect(getAuthor().name).toMatch(/li/i);
})
```

测试结果如图 B.5 所示。

```
$ npm test

> jest@1.0.0 test D:\sunmingming\code\jest
> jest

 PASS  ./sum.test.js
  √ getAuthor.name应该包含"li"这个姓氏 (7ms)

  console.log sum.test.js:3
    { name: 'li' }

Test Suites: 1 passed, 1 total
Tests:       1 passed, 1 total
Snapshots:   0 total
Time:        4.089s, estimated 5s
Ran all test suites.
```

图 B.5　测试程序运行结果

Jest 断言汇总如表 B.1 所示。

表 B.1　Jest 断言

匹配器名称	意　义
expect(n). toBe(m);	判断 n 和 m 两个对象相等
expect(n). not. toBe(m);	判断对象 n 与对象 m 不相等的情况
expect(n). toEqual()	匹配器会递归检地查对象的所有属性和属性值是否相等。如果要进行应用类型的比较时，要使用. toEqual 匹配器而不是. toBe
expect(m). toBeGreaterThan(n);	m 大于 n
expect(m). toBeCloseTo(n);	判断 m 和 n 两个浮点数相等
expect(n). toHaveLength( )	可以很方便地测试字符串和数组类型的长度是否满足预期
expect(n). toMatch( )	正则表达式判断，用于字符串类型的正则匹配
expect(n). toBeNull();	判断 n 是否为 null
expect(n). toBeTruthy();	判断 n 是否为 true
expect(n). toBeFalsy();	判断 n 是否为 false

B.3　测试覆盖率

测试覆盖率工具用于统计测试用例对代码的测试情况，生成相应的报表。Jest 内置了测试覆盖率工具 istanbul，开启可以直接在命令中添加--coverage 参数，或者在 package. json 文件进行更详细的配置。运行 istanbul，除了会在终端展示测试覆盖率情况，还会在项目下产生一个 coverage 目录，内附一个测试覆盖率的报告。

【例 B.6】　测试覆盖率举例。

被测试的模块如下所示。

```
//branches.js
module.exports=(name)=> {
    if(name==== 'Levon') {
        return 'Hello Levon'
```

```
    else {
        return 'Hello ${name}'
    }
}
```

测试用例模块代码如下所示。

```
//branches.test.js
let branches=require('../branches.js')

describe('Multiple branches test', ()=> {
    test('should get Hello Levon', ()=> {
        expect(branches('Levon')).toBe('Hello Levon')
    });
    //test('should get Hello World', ()=> {
    //    expect(branches('World')).toBe('Hello World')
    // });
})
```

【注释】 describe 称为测试套件(test suite),表示多个测试用例。

运行命令 jest -coverage

产生的报告里给出代码的覆盖率和未测试的行数,如图 B.6 所示。

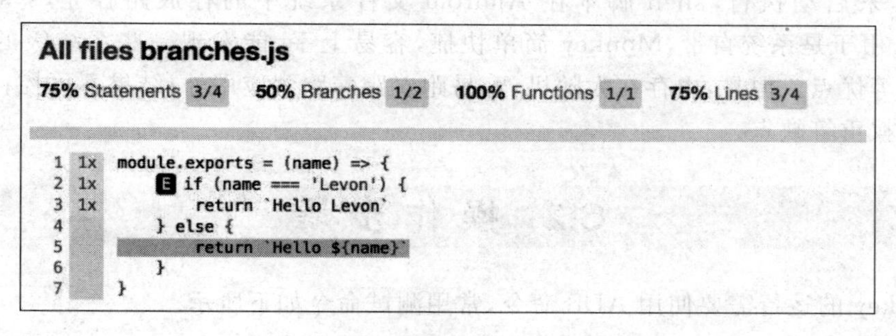

图 B.6 测试程序运行结果

去掉 branches.test.js 中的注释,跑遍测试对象中的所有分支,测试覆盖率就是100%,如图 B.7 所示。

All files branches.js

100% Statements 4/4　100% Branches 2/2　100% Functions 1/1　100% Lines 4/4

```
1 1x module.exports = (name) => {
2 2x     if (name === 'Levon') {
3 1x         return `Hello Levon`
4        } else {
5 1x         return `Hello ${name}`
6        }
7    }
```

图 B.7 测试程序运行结果

Monkey

C.1 简　介

Monkey是Android设备自动化测试小工具，用于压力测试，是Android SDK提供的一个命令行工具。它可以简单方便地运行在任何版本的Android模拟器和实体设备上。Monkey会发送伪随机的用户事件流（如按键输入、触摸屏输入、手势输入等），测试App是否会崩溃。

Monkey程序由Android系统自带，使用Java语言写成，在Android文件系统中的存放路径是/system/framework/monkey. jar；Monkey. jar程序是由一个名为monkey的shell脚本来启动执行，shell脚本在Android文件系统中的存放路径是/system/bin/monkey。由于是系统自带，Monkey简单快捷，容易上手，能发现一些系统级的崩溃，具有普适性等优点。但是，也存在太随机，容易跑着跑着跑到应用外；结果不可控；无法自定义事件流权重等缺点。

C.2 操作步骤

Monkey的运行需要使用ADB命令，常用测试命令如下所示。

1. adb install xx.apk

把指定的安装包apk文件安装到测试设备中。

2. adb shell monkey number

给指定的设备发送压力测试，number是要测试的次数。

例如，允许启动所有App，随机操作1000次，操作命令如下。

```
adb shell monkey 1000
```

3. adb shell monkey -p pkgname

对指定包名（pkgname）apk进行测试。

Monkey 的参数分为基础参数、事件类型和调试选项,如图 C.1 所示。

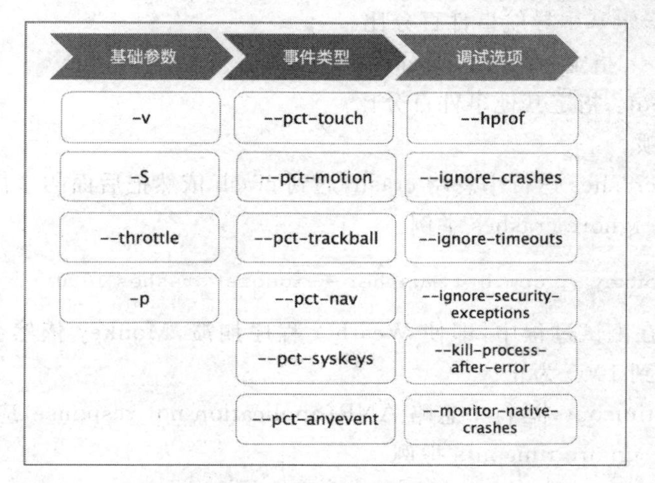

图 C.1 Monkey 参数

(1) 基础参数。

-v:操作日志记录,每一个-v 将增加反馈信息的级别。

-v:Level 0(默认值),除启动提示、测试完成和最终结果之外,提供较少信息。

-v -v :Level 1,提供较详细的测试信息,提供较详细的日志,包括每个发送到 Activity 的事件信息。

-v -v -v :Level 2,提供更加详细的设置信息,如测试中被选中的或未被选中的 Activity。

-s:用于指定伪随机数生成器的 seed 值,如果 seed 相同,则两次 Monkey 测试所产生的事件序列也相同的。

--throttle:用于指定事件之间的间隔时间,单位是 ms。

例如,adb shell monkey -p pkgname --throttle 3000 100 是指启动 pkgname 包,发送事件 100 次,每次事件相隔 3000ms。

-p:允许启动 App 的包名。

用此参数指定一个或多个包。指定包之后,monkey 将只允许系统启动指定的 App。如果没有指定包,Monkey 将允许系统启动设备中的所有 App。

例如,测试 com.ss.android.article.news 程序,直到事件数目达到 1000 为止,代码如下所示:

```
adb shell monkey -p com.ss.android.article.news 1000
```

指定一个包:adb shell monkey -p pkgname 100。

指定多个包:adb shell monkey -p pkgname1 -p pkgname2 100。

(2) 事件类型。

--pct-touch:指定 Monkey 生成触摸事件的百分比。

--pct-motion:指定 Monkey 生成用户手势的百分比。

--pct-trackball：指定轨迹球事件百分比。

--pct-nav：指定基本导航事件百分比。

--pct-syskeys：指定系统事件百分比。

--pct-anyevent：指定其他事件百分比。

（3）调试选项。

① --ignore-crashes 运行中忽略 crash，遇到 crash 依然把后面的事件跑完。

【例 C.1】 --ignore-crashes 举例。

```
adb shell monkey -p com.htc.Wwather --ignore-crashes 1000
```

解释如下：在测试过程中，即使 Weather 程序崩溃，Monkey 依然会继续发送事件，直到事件数目达到 1000 为止。

② --ignore-timeouts 运行中忽略 ANR(application not response，应用无应答)事件。

【例 C.2】 --ignore-timeouts 举例。

```
adb shell monkey -p com.htc.Wwather --ignore-timeouts 1000
```

解释如下：在测试过程中，即使 Weather 程序崩溃，Monkey 依然会继续发送事件，忽略 ANR 事件，直到事件数目达到 1000 为止。

③ --ignore-native-crashes 忽略 monkey 本身的异常，直到事件执行完毕。

【例 C.3】 --ignore-native-crashes 举例。

```
adb shell monkey -p com.htc.Weather --ignore-native-crashes 1000
```

解释如下：在测试过程中，即使 Weather 程序崩溃，Monkey 依然会继续发送事件，忽略 Monkey 本身的异常，直到事件数目达到 1000 为止。

参 考 文 献

[1] 周元哲. Python 程序设计语言[M]. 北京：清华大学出版社，2015.

[2] 周元哲. Python 程序设计习题解析[M]. 北京：清华大学出版社，2017.

[3] 周元哲. Python 3.X 程序设计基础[M]. 北京：清华大学出版社，2019.

[4] 周元哲. 软件测试习题解析与实验指导[M]. 北京：清华大学出版社，2017.

[5] 李文新，郭炜，余华山. 程序设计导引及在线实践[M]. 北京：清华大学出版社，2007.

[6] 张若愚. python 科学计算[M]. 北京：清华大学出版社，2012.

[7] 黄红梅，张良均. Python 数据分析与应用[M]. 北京：人民邮电出版社，2017.

[8] 吴晓华，王晨昕. Selenium WebDriver 3.0 自动化测试框架实战指南[M]. 北京：清华大学出版社，2017.

[9] 郑秋生，夏敏捷. Python 项目案例开发从入门到实战：爬虫、游戏和机器学习[M]. 北京：清华大学出版社，2019.

[10] 虫师. Web 接口开发与自动化测试：基于 Python 语言[M]. 北京：电子工业出版社，2017.

[11] 关春银，王林，周晖，等. Selenium 测试实践：基于电子商务平台[M]. 北京：电子工业出版社，2011.

[12] 王兴亚，王智钢，赵源，等. 开发者测试[M]. 北京：机械工业出版社，2019.

[13] Python 官方网站[EB/OL]. [2019-02-01]. http://www.python.org/.

图书资源支持

感谢您一直以来对清华版图书的支持和爱护。为了配合本书的使用，本书提供配套的资源，有需求的读者请扫描下方的“书圈”微信公众号二维码，在图书专区下载，也可以拨打电话或发送电子邮件咨询。

如果您在使用本书的过程中遇到了什么问题，或者有相关图书出版计划，也请您发邮件告诉我们，以便我们更好地为您服务。

我们的联系方式：

地　　址：北京市海淀区双清路学研大厦 A 座 701

邮　　编：100084

电　　话：010-83470236　010-83470237

资源下载：http://www.tup.com.cn

客服邮箱：tupjsj@vip.163.com

QQ：2301891038（请写明您的单位和姓名）

资源下载、样书申请

书圈

扫一扫，获取最新目录

课 程 直 播

用微信扫一扫右边的二维码，即可关注清华大学出版社公众号“书圈”。